国际时尚设计丛书·服装

纺织品服装面料设计：灵感与创意

（原书第2版）

［英］约瑟芬·斯蒂德（Josephine Steed）

［英］弗朗西斯·史蒂文森（Frances Stevenson） 著

刘莉　赵雅捷　译

U0241770

中国纺织出版社有限公司

原文书名：SOURCING IDEAS FOR TEXTILE DESIGN（Second Edition）
原作者名：Josephine Steed and Frances Stevenson
©*Josephine Steed and Frances Stevenson, 2020*

This translation of *Sourcing Ideas for Textile Design* is published by arrangement with Bloomsbury Publishing Plc.

本书中文简体版经Bloomsbury Publishing Plc授权，由中国纺织出版社有限公司独家出版发行。本书内容未经出版者书面许可，不得以任何方式或任何手段复制、转载或刊登。

著作权合同登记号：图字：01-2023-1468

图书在版编目（CIP）数据

纺织品服装面料设计：灵感与创意：原书第2版 /（英）约瑟芬·斯蒂德，（英）弗朗西斯·史蒂文森著；刘莉，赵雅捷译. -- 北京：中国纺织出版社有限公司，2023.4

（国际时尚设计丛书. 服装）

ISBN 978-7-5229-0221-0

Ⅰ. ①纺… Ⅱ. ①约… ②弗… ③刘… ④赵… Ⅲ. ①纺织品-设计②服装面料-服装设计 Ⅳ. ① TS105.1 ② TS194.1

中国国家版本馆 CIP 数据核字（2023）第 000284 号

责任编辑：宗 静 苗 苗 责任校对：高 涵
责任印制：王艳丽

中国纺织出版社有限公司出版发行
地址：北京市朝阳区百子湾东里A407号楼 邮政编码：100124
销售电话：010—67004422 传真：010—87155801
http://www.c-textilep.com
中国纺织出版社天猫旗舰店
官方微博 http://weibo.com/2119887771
北京华联印刷有限公司印刷 各地新华书店经销
2023年4月第1版第1次印刷
开本：710×1000 1/16 印张：10.5
字数：160千字 定价：78.00元

凡购本书，如有缺页、倒页、脱页，由本社图书营销中心调换

《进展中的工作》卡伦·尼科尔（Karen Nicol）作品。

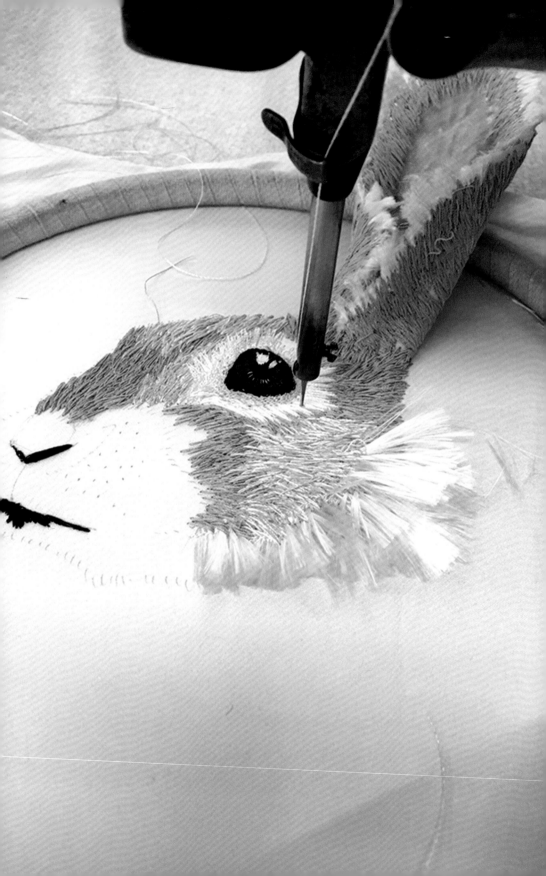

目录

5

绪论

纺织品设计是一个广泛的主题，涵盖了丰富的传统设计内容，从丰富我们的服装到装饰我们的家，甚至是工作场所和公共空间。基于这种广泛性，纺织品设计与许多其他领域，包括时尚、珠宝、建筑和产品设计重叠，并推动其创新。

随着新技术的发展，以及不断增加的数字化可能性，今天纺织品设计师的工作范围已经大大扩展，该主题已经重叠并扩展到个人和合作实践的新领域。同样，纺织品设计师的责任也发生了变化，他们开始重视纺织工业的生态和可持续发展等问题。

无论背景如何，无论创意之旅如何，从概念到最终设计的过程都始于研究和收集灵感的过程，这样才能产生鼓舞人心的纺织品设计作品。因此，对研究和创意收集阶段的理解至关重要。

本书旨在介绍纺织品设计过程中这一关键部分所需的基本技能。

全书通过实例和一定的简短练习，能够帮助读者有效地完成自己的实验创作。您会发现这本书信息丰富，又能激发灵感，同时它将成为您在整个创意研究和设计实践中的得力搭档。

> 我喜欢挑战看待事物的方式。
>
> ——汉娜·维林（Hanna Wearing）

图1　德赖斯·范·诺顿（Dries Van Noten）2018年冬季设计系列中的大理石印花外套，采用土耳其传统大理石花纹艺术技法手工制作而成。面料色彩是通过运用油性水溶液颜料飞溅和刷涂实现的。

第 1 章

纺织品设计的定义

通常，纺织品设计师的专业主要围绕颜色、图案和面料美学。如今，这一切都在变化，设计师拥有更多的机遇。随着数字技术和社交媒体平台的发展，如今的消费者和客户可以通过在线用户生成的内容从一开始就参与到设计过程中。

许多用来做这件事情的方法与其他创造性学科中使用的方法相似，但纺织品设计师则通过一个非常特殊的视角来看待和分析世界。

为了更好地帮助读者理解这一点，本章将把纺织品设计作为一门学科来研究，并探讨它与其他创造性学科的区别。我们将探讨纺织品设计毕业生可获得的不同机会，并且探究纺织行业的职业道路。总体来说，本章将向您介绍纺织品设计，以及如何通过材料调查、色彩分析、工艺技术、表面细节、纹理质量和图案制作来直观地研究纺织品设计。

图2 曼尼什·阿若拉（Manish Arora）作品中的细节展示了不同的纺织工艺如何构成时尚产业的一个组成部分。"装饰图案"构成了整个作品的主要部分，呈现了色彩和图案的设置如何传递出独特的整体构图。

纺织品设计与其他学科的区别

通常来说，纺织品设计是指为不同内容背景创造针织、机织、印染和混合媒介面料的过程。纺织品设计师需要理解如何为特定的面料类型和特定目的（即背景）

设计一个作品，通常是指针对服装（时装和专用可穿戴设备）或特定空间（环境或特定场所）而设计。设计师还需要充分理解当代设计问题及色彩和潮流趋势，使他们的设计与最终目的契合。

图3a　学生的针织样品。此学生运用各种针织构成技术和纱线，创造出这些趣味的、丰富多彩且富含纹理的样品。

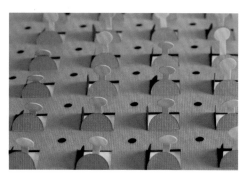

图3c　学生的混合媒介织物样品。此学生受到模块化系统的启发，以激光为室内设计切割氯丁橡胶样品。

图3b　华莱士和苏厄尔编织围巾。

图3d　学生的印花样品。此学生运用颜料和拼贴箔纸来创作抽象的大型室内作品。

纺织品设计师应该在某个领域，如针织、机织、印染或者混合媒介领域，拓展专业的技能和知识。每一种专业需要不同类型的技能知识、设备和材料。它们包含了广泛的设计过程和方法。印花纺织品设计师设计表面图案。机织和针织（或"构造"）纺织品设计师倾向于从绘制草图、选择纤维和纱线开始创造织物。纺织品设计师还经常使用其他技术来制作织物（通常称为混合媒介技术）。混合媒介通常与针织、机织或印花结合使用，但其本身也是一种制作工艺。现在也可以用数字技术制作纺织品，如利用激光切割及二维和三维计算机辅助设计（CAD）的快速成型技术。

什么是背景？

结合这些视觉方面的考虑，纺织品设计师还必须探索背景研究，来考虑他们的设计对象，以及制作方法。

背景是指支持一个想法或概念的框架，在设计工作中主要围绕的一系列考虑因素。背景是理解设计对象的特定需求，以及在设计工作中如何满足他们的需求。比如纺织品设计可能包括可持续时尚设计、公共空间设计、大型零售公司设计。理解背景可以确保最终设计工作与预期结果相符。

概念

一些概念可帮助解释纺织品设计师的主要特征和背景。

纺织品设计——纺织品设计师在商业框架内工作，他们受到某些条件限制，如成本、客户、特殊功能和目的。他们主要在两个区间工作：

主体　在纺织品设计行业中，主体是指用于时装、配饰和服装的面料设计，涉及健康、幸福和智能可穿戴设备等问题。

空间　在纺织品设计中，空间包括建筑环境、室内装饰、家具和运输的纺织品和材料设计。

纺织工艺的定义

印染　利用压力或者化学反应在表面上留下印记或者痕迹。

图4a　在印染过程中，先将布放在一张平坦的桌子上，再将丝网放在布上，然后用刮板把墨水从丝网中刮出来。

针织物　钩针编织物或蕾丝花边都是用纱线线圈相互串套制成的，其产生的连续线圈称为线迹。

图4c　要织出一块布，必须要设置好经纱，通常要用到综框或织布机。然后将纱线穿过经纱（纬纱），形成布匹。

机织物　机织物是由织机上的纬纱和经纱交织而成。

图4b　这张图展示了使用双床针织机进行手动机械针织的示例。

混合媒介织物　混合媒介织物涉及许多技术，如缝线和刺绣、褶裥、粘合和染色等。

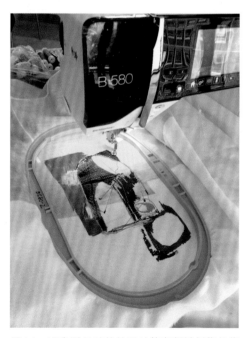

图4d　这张图显示的是通过数字刺绣创作的作品。绘画的标记正通过线迹进行转换。

纺织品设计师的关注点和考虑因素有哪些？

技术进步和消费者生活方式的改变，以及可持续性和环境问题，是目前设计师的主要考虑因素，因为当前设计行业需要负责地考虑其材料的来源。目前纺织品设计师需要考虑的部分问题包括：

- 所有材料是否符合道德标准？

- 它们来自哪里？

- 生产过程中采用了哪些工艺？

- 能否减少浪费？

- 产品的生命周期是多长？是否可以循环利用？

- 对您的设计有什么长远影响？

- 是否可以生物降解？

道德标准和环保向设计师提出了新的挑战。如今，许多设计师意识到，他们在减少浪费和对环境的影响方面负有责任。设计公司越来越多地将环保和道德政策作为其市场营销和品牌战略的一部分，以吸引消费者购买。

图5　每年举行的哥本哈根时尚峰会探讨纺织品供应链的可持续发展问题。

练习——观察与认知

思考印花、针织、机织和混合媒介等纺织方法。看看您周围的环境，注意纺织品在您的环境中是如何被使用的。请思考，为了制造出您现在所看到的纺织品，需要经过哪些工艺阶段。同时记录每个阶段的所有在道德和可持续发展方面的考虑。

就业方向

纺织品设计教育为各种不同的职业道路提供了机会。之前，我们提到了针织、机织、印花和混合媒介的独特设计和技术差异。接下来，我们看看在学习纺织品设计之后可以从事的一些设计职业。

纺织工业

在使用"纺织工业"一词时，我们通常指的是纺织品的商业制造。该术语还包括所有与服装和织物制造领域合作的附属企业。其中包括纺纱厂商、染色厂商、面料整理厂商、辅料制造厂商和配件生产厂商——基本涵盖所有为纺织品生产提供服务或产品的企业，包括从时尚到航空等一系列行业的技术纺织品。作为纺织品设计师，您可以作为大型制造商的商业设计师，也可以作为自由设计师，受托为某个特定的公司或者品牌设计一系列产品。无论您最终选择在哪个领域工作，都需要了解纺织工业的运作方式。

如今纺织课程与纺织企业建立了良好的联系，提供一系列与行业相关的机会来深入了解专业工作。项目和实习是获得行业经验的最佳途径，也可以帮助学生获得更好的设计工作或未来的工作机会。

图6 纺织工业的工作领域包括纺纱、染色、面料整理、辅料和配件生产等。对所有纺织品设计师来说，了解纺织工业是必不可少的。

工艺制作者

纺织工艺可以用来描述各种纺织品，包括一次性、委托设计的或者限量版的纺织品。工艺制作者通常独立工作，但经常集体展示和出售作品，并通过分享公共工作室空间来共享资源。他们对自己特定的小众市场有着深入的理解，这些理解是多年实践磨炼出来的成果。工艺是一个非常广泛的主题，但可以包括从事应用艺术、展览用纺织品、概念纺织品、3D纺织品、配件和服装的制作者。各大洲每年都会举办大型手工艺品交易会，吸引国际关注，工艺制作者有机会与买家进行销售和交流互动。

> 工艺是一种非凡的奇迹，它包括技能、创造力、艺术性和情感，具有思想性、过程性、实用性和功能性。它是最纯粹的表达形式之一。
>
> ——特里西亚·吉尔德（Tricia Guild）

图7　简·基思（Jane Keith）是苏格兰的一位印花纺织品设计师，她在法夫的工作室生产精美的手工印花布。她从苏格兰风景中获得色彩鲜艳的灵感，并将其印染到羊绒、羊毛和丝绸织物上。

工作室设计师

　　工作室无疑是大多数设计师的首选工作环境。"工作室"一词直观体现了创造力和实验性，描绘了一个特定设计师或公司的强大理念。但是，有许多不同类型的纺织品设计工作室。在商业设计机构工作的设计师向多种潜在客户销售面料或纸质设计稿，他们的客户范围从高端时装屋到知名大众品牌。大多数时尚和室内设计公司也有自己的内部设计团队。许多设计机构都会在国际展会上展示他们工作室的设计，比如在巴黎举办的世界规模最大的面料展会——品锐至尚纺织品展览会。

图8　每年在巴黎举行两次的品锐至尚纺织品展览会为国际时尚和纺织业提供新的面料和辅料，并且专门设立了"学生访问日"，欢迎学生参观。

纱线设计师

纱线和纤维虽然经常被忽视，但却对纺织品设计至关重要。这些纱线由纱线厂商设计，以便适用于特定的面料设计和目的。通常，纱线设计的重点是色彩，其中色彩预测行业起到了至关重要的作用。纱线设计还包括研究特殊纹理纱线和混合纤维。这些特殊纱线专门为针织和机织行业生产，也为业余爱好者纺织市场生产，如手工编织爱好者和手工艺爱好者。纱线厂商在纱线和织机贸易商博览会上展示他们的纱线系列产品，如意大利佛罗伦萨国际纱线展。该展会主要面向针织和机织行业，为纱线制造商提供展示和销售纱线产品的机会。

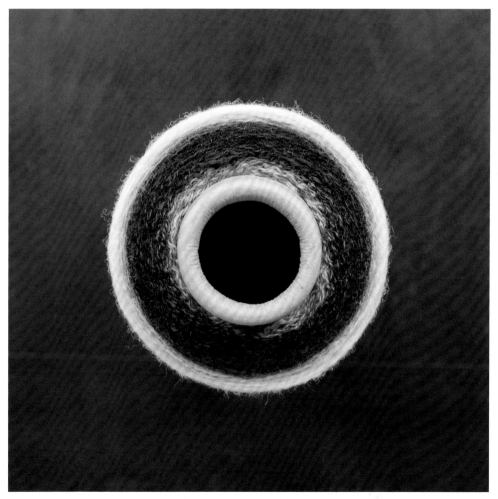

图9 由马伊琍·阿巴斯（Mhairi Abbas）设计的纱线。她将纱线染色后，将其编织成精美的时装配饰。

数字设计师

计算机辅助和制造，也被称为CAD/CAM，如今已成为纺织工业的重要组成部分。纺织品设计师将CAD技术与纺织工艺相结合来设计他们的作品，采用这种方式可在兼容的计算机控制的机器上进行生产。如今，许多CAD机构聘请纺织品设计师，将数字技术作为实现他们设计理念的创造性工具。随后，设计的作品可以以数字化的方式转移到世界任何地方进行制造。个人纺织品设计师还将数字技术用于其他方面：通过社交媒体网络和论坛，以及面向集体艺术家和设计师的个人网站和电商网站，与客户接触沟通。

图10　数字化设计的艺术作品可以直接印在涂有特制涂层的合成或人造面料上，使设计师可以把他们的图片作品复制到面料上。

时尚预测师

时尚预测公司主要为时装和纺织行业提供关于未来主要风格和趋势的信息。他们通常提前两到三年工作。为了给纺织和时装行业（从纱线制造商到商业零售商）提供下一季的主题、颜色和风格等信息，这个时间段至关重要。纺织品设计师完全有能力在这种创造性的环境中工作。通常，设计师被要求按照某一既定主题生产面料，或直接从事整理未来趋势信息的工作。

色彩预测师

色彩预测与时尚预测密切相关，两者往往相辅相成。色彩是时装和纺织品设计的基本元素，正确运用色彩是一项高度专业化的工作。这将在第4章进行深入讨论。随着设计成为消费者关注的焦点，如今越来越多的行业开始使用色彩预测信息。我们的手机、电脑、汽车，甚至购物中心的布局和颜色往往都是通过色彩分析和预测数据进行考量的。

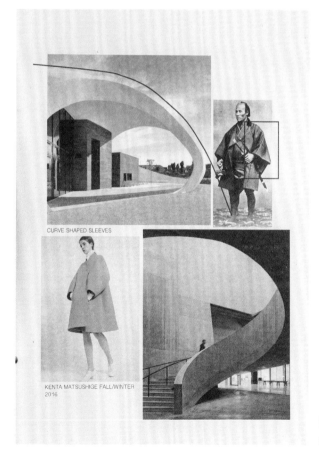

图11　此学生将他们对时尚的研究建立在对日本服装和当代建筑的热爱之上。

纺织品设计和纺织品艺术的区别

就材料而言，纺织品设计和纺织品艺术密切相关，它们都使用纱线、纤维和织物，以及机织、刺绣和表面处理等工艺。它们的区别更多地在于其意图和限制。纺织品设计倾向于生产、功能和背景。纺织品艺术是指以手工制作和艺术家的概念想法为主要考虑因素的美术作品和一次性作品。在设计和制作过程中这两者经常被混淆为纺织品工艺。在纺织品工艺中，制造者的审美和功能性用途是紧密相连的，作品可能以小规模生产方式完成。然而，工艺技术通常是这两种定义的核心。

定义

一些定义可以帮助解释纺织品艺术家的考量因素：

纺织艺术　纺织艺术家在一个不太受限制的商业框架内工作，他们的个人想法和概念通过纺织材料和工艺表达出来。他们主要在以下特定领域呈现：

表达　纺织艺术家通过纺织材料表达他们的创作理念，其理想结果是在美术馆或博物馆进行视觉展示。作品的策展往往是一个重要的考虑因素，因为他们可能受到特定的地点或背景的限制。

概念　对于纺织艺术家来说，最终完成作品的概念是至关重要的。在这里，计划和决策是在作品制作前实现的，最终的作品是艺术家概念性思维的体现。

叙事性　它是对某件事的描述，如一个故事或一首诗，可以用来唤起视觉上的参考和意象。

图12　展示设计开发过程的学生创意板。学生正在做设计简介，图片展示了他们对可能的设计结果的材料和背景的思考。

图13　露西·奥尔塔（Lucy Orta）的《避难服》研究了城市环境中的纺织品和服装。她的工作涉及对流离失所群体的关注。

图14 法伊格·艾哈迈德（Faig Ahmed）使用传统的挂毯编织工艺和伊斯兰的几何结构和装饰图案来创作
纺织艺术作品，向我们不断变化的生存方式提出质疑。他的作品制作精美，通过作品丰富的色彩和纹理传
达了传统挂毯的精髓。他完美地将艺术概念和手工艺结合在一起。

纺织艺术家弗雷迪·罗宾斯（Freddie Robins）因其俏皮、诙谐和颠覆性的针织作品而闻名。她用柔软的针织材料来叙述在其他传播媒介中可能很可怕的故事。在她的作品中，针织的茶馆代表遇害妇女的英式住所，或她们遇害的房屋。她解释道："我很好奇是什么驱使犯罪分子去杀人。对我们大多数人来说，这种行为简直丧尽天良。"

弗雷迪·罗宾斯对"针织是被动型的良性活动"的观念提出了挑战。她颠覆了以往墨守成规的常理，不是把针织当成是一种安全舒适的生产活动，而是一系列行为和过程，通过这些行为和过程来形成和表达身份和主体性。她颠覆了功利主义的概念，支持艺术表现主义、功能性，以及有利于概念的严谨性的形式。在实施想法的过程中，她拒绝了工艺美术的论点，认为这是无关和错误的边界。

——艺术家、研究员和讲师凯瑟琳·多尔姆（Catherine Dormor）2013年

图15 罗宾斯的《针织的犯罪之家》使用不具有危险性的茶具作为隐喻，探索社会中具有争议的问题。

艺术家迈克尔·布伦南德-伍德（Michael Brennand-Wood）创作的《花头——自恋的蝴蝶》在概念上引用了花卉和人类头部之间隐含的关系。绣花固定在一根柔软金属丝的末端，每朵绣花的中心都有一张人脸。这些人脸是一群或一组政治和媒体人物。从雕塑的角度看，这种形式指的是插有帽针的奇特且多层针插。这朵绣花是20世纪的一幅快照，仿佛是博物馆里一只保存完好的蝴蝶标本，反映了已经不复存在的人。我对"针尖"一词也很感兴趣，这是对社会中某些人的贬义。针头是故意模糊的，既指人也指保存的昆虫。一些人对自我的重要性有一种不幸的错觉，他们渴望被人看到并不断拍下他们最好的一面；镜子反映了他们的自恋和大众对别人媒体生活的盲目迷恋。

图16　《花头——自恋的蝴蝶》2005©迈克尔·布伦南德-伍德（Michael Brennand-Wood）

纺织品设计流程

在纺织品设计中，为了完成作品，需要有一个清晰明确且有用的流程来指导每个阶段。按照这个流程来工作是至关重要的，因为它可以让您深入探索您的想法，并在任何时候都能推动思考，以实现最具创造性的作品。理解这个流程将从本质上加强您的想法和最终结果，并将有助于找到一个值得探索的想法或完善您已有的想法。

这个流程图解释了纺织品设计的关键阶段。每个阶段都是相互连接的，以演示在两个阶段之间可以如何变化，从而达到最终设计目的。需要注意的是，这些阶段是不断重叠的，比如绘画和背景调研等行为活动不只是对某一个阶段重要。但是，为了更好地解释通常发生的行为活动类型，我们简化了每个阶段的工作方式。我们相信参与这个过程将有助于您理解信息，形成自己独立的思维方式。

纺织品设计过程的核心有三个关键阶段：构思、研究和创作。

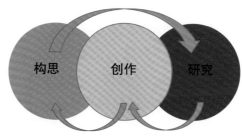

创作：制作出符合目的的最终设计作品。这个阶段需要制作出符合专业标准的设计作品。

构思：发散思维阶段。通过背景调研和视觉研究来探索您的想法。

研究：查找并记录视觉信息。在此阶段开始材料调查，寻找启发灵感的纹理、色彩和图案。

图17　此流程图展示了本书中提到的纺织品设计的三个阶段：构思、研究、创作。最终我们可以看到，这些阶段是相互关联且流动的，因为设计师会从一个阶段转到下一个阶段，或者回到原来的阶段。

构思

在项目开始的时候，最重要的就是发散思维、接受新鲜事物和不同的思维方式。您可以从广阔的领域出发，进一步探索，找到其中特别的聚焦点，或者您可以从较小明确的想法开始，并深入调研。在这个早期的阶段，您应该围绕您的构思探索广泛的领域和想法。这是一个令人兴奋的阶段，您可以真正跳出固有的思维局限，通过思考每个潜在探索途径来拓展想法的边界。第一阶段包括广泛的背景调研，目的是完善您现阶段的想法；绘制图纸和草图，目的是通过提供适用于设计研究的视觉信息帮助您思考分析问题。

研究

研究阶段主要集中在视觉研究，以及如何通过进一步调查处理这些信息。在这个阶段，重要的是通过您的绘画查找和记录与您的构思阶段相关的视觉信息，因为这将为您提供富有启发灵感的纹理、色彩、结构和图案，您可以在开始探索材料之前记录。在您的速写本或工作本中"记录"（尝试）这些信息是很重要的，这样可以将最初的图纸通过对纺织材料的探索转化为新的信息。材料调研是设计研究的基础部分，因为您可以在各种各样的过程中磨炼您的技能，并制作可以进一步研究的原型样品。研究阶段是最深入的阶段，需要最多的时间、精力和投入。这也是经常迸发灵感的阶段。

创作

在此阶段创作出令人兴奋的纺织新品完全取决于构思和研究阶段的贯彻。材料样品将被制作成为一个集合，在您设定的背景下，在一起相互补充。您将在前两个阶段试用各种技术和调色板等，最终的作品将反映您在构思和研究阶段所做的探索和决策。最终的设计作品应结合材料的娴熟处理，以及良好的手工艺水平和"符合目的"的背景。这一阶段将制作出最终的设计作品，并以专业的标准来传达和展示您的设计作品。

第2章将更详细地讨论构思、研究和创作的每个阶段。

> 您可以从一切事物中找到灵感；如果找不到，那说明您寻找的方式不对。
>
> ——保罗·史密斯（Paul Smith）

图18　学生工作室的一个展示板。显示了探索分析线条和条纹图案系列的主要背景研究。

图19 学生的针织设计作品。显示了在设计过程的创作阶段最终完成的服装。此学生通过使用光滑和富有
质感的面料，通过针织工艺打造出动感十足的男装。

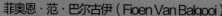

菲奥恩·范·巴尔古伊（Fioen Van Balgooi）

菲奥恩·范·巴尔古伊在荷兰学习时装和纺织品设计。她在可持续纺织品和解构设计方面有丰富的经验，并帮助许多设计师将可持续设计实践融入他们的工作。

图20　菲奥恩·范·巴尔古伊

您的研究思路从何而来？

大多数时候，一个想法始于一个需要解决的设计问题。对我而言，可持续发展是非常重要的。以可替换印花为例，一切都是稍纵即逝的。我们也应该用这种方式来装饰我们的纺织品。人是会变的，但他们的服装不会随他们而改变。当我们厌倦了自己的服装时，我们就不会再穿了，但印花是永久的。如果我们有可能更换纺织品上的印花，会发生什么呢？换句话说，去除旧的印花，添加新的印花，使织物重新焕发生命，这便是短暂的（时尚）周期与长久的原材料周期相结合。因此，我设计了可消除印花的概念。

您是如何开始您的研究？

首先，我要找出问题所在。例如，就可消除印花来说，纺织品上的印花通常是如何制作的？需要什么材料？工艺如何实现？行业中最常用的是丝网印花还是数字印花？诸如此类的问题。

我对理想的情况进行头脑风暴：一个很容易从纺织品上"取下"的印花。那么需要如何实现呢？正常流程中哪些部分需要更改？

然后，我寻找改变这些步骤的解决方案，而这是最耗时、最困难的部分，牵一发而动全身。比如，我换了墨水，然后就很难使用数字打印机，因为新墨水堵塞了喷嘴。所以，我必须找到合适的打印机，或者制作一种用于丝网印花的墨水，但这样就需要浓度更高的墨水，最终印花会变得不可替换了。

为什么研究对您的工作如此重要?

没有研究，你就不知道自己的设计是否真的是一个问题的解决方案。对我来说，纺织品设计绝不仅仅是研究外观，而是研究功能性和使产品更具可持续性。然而，外观还是非常重要的。选择正确的颜色来吸引人们并使人们愿意使用它，这一点也不能被忽略。因为如果一开始人们就不喜欢这个设计，他们是不会购买的，无论你的设计有多环保。

通过观察纺织行业，有时我会对目前的做法感到恼火，我想改变它们，比如可消除印花。

您能分享自己的设计过程吗? 您是如何产生这些想法的?

我拿着一张纸坐下来做一张思维导图。我把脑海中出现的所有想法都写下来、画出来，并用线条连接那些相关的想法。我对与主题相关的不同词汇进行头脑风暴。从无序的涂鸦中得到一些想法并进行尝试。然后，我先画一些草图，看看它可能成为什么样子，然后找出那些看起来有希望的草图。

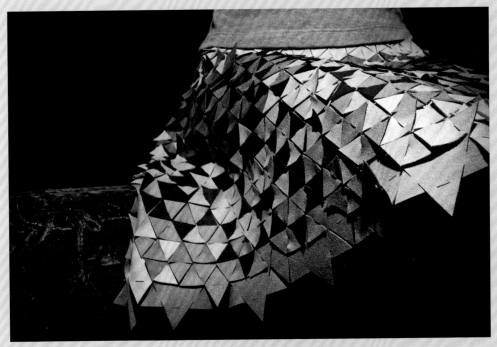

图21　菲奥恩尝试了一系列的工艺，创造出精美的纺织创意作品。

可以分享一下您的工作经历吗？

自2009年以来，我作为自由设计顾问为80多个客户工作。大多数客户是设计师或来自调研开发部门，我曾在帮助他们采购可持续材料，或讨论关于如何改变设计，使其可以重新利用、回收或减少浪费的设计过程中集思广益。我去过法国、意大利和德国的材料博览会，寻找新的可持续材料，并与供应商进行交流。

自2015年起，我在荷兰MVO公司（荷兰CSR公司）担任知识经理，负责一些纺织项目，主要致力于向荷兰品牌传播可持续纺织品的知识，并建立合作关系。我在这份工作中的重点不是设计纺织品或产品，而是促进公司的可持续发展。这可能意味着促成头脑风暴会议，将供应链中的公司召集到一起，或者就某个特定主题进行实地案头研究。

对您的工作影响最大的人或事情是什么？

几年前，当我在艺术学院学习时，我看到了"从摇篮到摇篮"的概念［由迈克尔·布朗加特（Michael Braungart）和威廉·麦克唐纳（William McDonough）提出］，顿时灵光乍现。对我来说，这意味着在不伤害环境的前提下，我可以制作一些漂亮的东西，这正是许多设计师想要的。

图22　测试和取样是纺织品设计过程中必不可少的一部分。在制作最终样品之前，必须对染料的颜色、持久性和手感进行测试。

这个概念改变了我对环保设计的看法，从一种内疚感（我们需要减少对环境的索取）变成了一种丰富的可能性（如果我们设计的东西能够成为重复使用的材料，那么我们就不会再产生不必要的浪费了）。基于"从摇篮到摇篮"的概念，我的硕士研究课题是"时装设计师如何产生出一种不同的思维方式来进行符合生态效益的设计"。毕业后，我参加了EPEA"从摇篮到摇篮"的设计课程，然后开始了我的自由设计咨询工作。现在，"从摇篮到摇篮"的概念是更广泛的循环经济概念的一部分，通过Ellen MacArthur基金会你可以找到关于循环经济的更多信息。

图23　菲奥恩用印花让受众知道她的作品旨在实现更环保的可持续发展设计理念。

图24　菲奥恩制作了一种纹理/风化的面料，看起来像皮革的外观一样，具有很大的吸引力。

您觉得迄今为止最大的成就是什么？

　　我想用我的灵感、建议和人脉帮助尽可能多的设计师，让他们可以用易于回收或生物降解的优质材料制作产品。在我的一个项目中，我帮助一家公司寻找可生物降解的鞋垫材料。我们首先确定了功能（如吸湿排汗，尺寸稳定，抗撕裂，由天然材料制成），然后我去了意大利的一个材料展览会，与许多不同的供应商进行了交谈。最后根据我的一些建议制作的鞋垫已经在荷兰的几乎每个城市的大型零售店销售。通过我的帮助，所有现在穿着这些鞋垫行走的人都在为环保做贡献。

图25　探索性的雕塑作品，跨越纺织品和珠宝设计的界限。

您对那些想从事纺织品设计的人有什么建议吗?

　　重视你的工作! 你想为这个世界带来什么? 在尊重环境和所有生物的前提下实现你的设计。不要制造浪费。寻找可生物降解和可回收的纤维, 在制作纺织品时, 请记住解构设计。大胆创新吧, 也许你就是那个穿着用可以过滤空气中的污染物的纤维制成的衣服的人之一!

图26　自然环境是菲奥恩所有作品的核心, 她将图像、印花过程和摄影融合在一起, 以强调为什么我们需要不断关注自己的设计方式。

案例分析

费雷迪·罗宾斯（Freddie Robins）

　　费雷迪·罗宾斯的作品跨越了工艺、艺术和设计可定义的范畴。她使用传统上被视为工艺媒介的羊毛和工艺技能的针织来表达概念，而这些概念通常通过美术媒介来表达。费雷迪还使用通常由商业设计师使用的自动化工业针织机械。她倾向于选用针织方法来探索性别和人类状况等相关的当代问题，因为她发现针织是一种强大的自我表达和沟通媒介。她的作品颠覆了周围的文化偏见，打破了媒介是被动的和良性的观念。她的想法常常通过对人类形态的探索来表达。这些作品质疑身体的常态，融入了幽默和恐惧，这是费雷迪作品中反复出现的主题。作品的标题是必不可少的：用文字游戏突出实际对象。

图27　《他人的梦想》，2014—2016
重新加工的手工针织套衫系列混合纤维。在伦敦北部恩菲尔德40展厅展出。

图28 《坏妈妈》，2013
由机器针织羊毛、机器针织金属纤维、膨胀泡沫、织针、玻璃珠、亮片、服装别针、水晶珠制成，固定在枫木架子上，780mm×160mm×160mm。

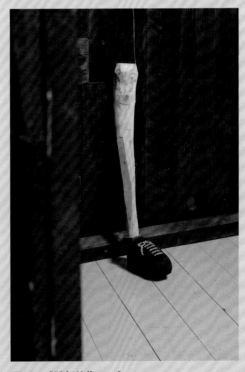

图29 《篮球筐》，2015
由机器针织羊毛、钩编金属纤维、柳条篮制成，260mm×520mm×260mm。

图30 《跳舞就像……》，2017
由机器和手工针织羊毛、填絮料、樱桃木制成。在科尔切斯特米诺里斯美术馆展出。
所有照片由道格拉斯·阿特菲尔德拍摄

案例分析

尹卡·索尼巴雷（Yinka Shonibare）

尹卡·索尼巴雷是英籍尼日利亚裔当代艺术家，目前在伦敦工作。他的大部分作品通过绘画、雕塑、摄影、电影和表演来探索殖民主义和后殖民主义。他经常在作品中使用纺织品，通常用来象征文化、

种族和社会意义。他的作品曾在世界各地
展出，包括纽约布鲁克林博物馆、华盛顿
特区史密森学会非洲艺术博物馆和伦敦特
拉法加广场的第四基座。

图31　由英籍尼日利亚裔艺术家尹卡·
索尼巴雷（Yinka Shonibare）创作的作
品《争夺非洲》，摄于2010年6月2日在
柏林弗里德里希韦尔德教堂举办的"谁
知道明天"的新闻预展期间。

* To paint A2 versions of these?

Composition

第 **2** 章

纺织品设计
过程

在本章中，我们将从如何寻找信息开始探索纺织品的设计过程。您的想法应该从哪里开始呢？

通常情况下，可以从您自己开始！看看您所处的环境、日常生活，以及文化和个人背景，有哪些可以就地取材的信息？每个人都有不同的视觉参照点，不管是来自我们的旅行、家庭、历史，还是我们走过的任何地方。所有这些日常经验都包含了丰富的视觉信息，我们可以很好地利用这些信息，并产生有关背景的构思。因此，重要的是要考虑这些"近在咫尺"的参考资料如何成为项目的起点。

接下来思考您如何访问这些资讯网站？公共建筑，如博物馆、美术馆和火车站，都很容易进入，这些地方包含了直接和间接信息资源（将在下文进行详细解释）。您知道谁可以为您提供更多的机会和信息？考虑联系可能感兴趣并能帮助您进行研究的组织或公司。从本质上讲，纺织品设计过程就是进行探索和产生想法的研究和方法。

图32 学生的写生簿展示了在街上发现的材料的原始照片。直接关注您附近的东西，训练您的眼睛"发现和观察"，这是成为一名设计师的重要技能。

> 研究是首要的——如果您对研究不感兴趣，那么您永远没有想法。
>
> ——三宅一生（Issey Miyake）

通过纺织研究方法探索灵感

什么是背景调查？

设计师的设计需要以人为本。因此，背景调查研究的是您为谁设计，因为了解背景或可能的最终用户，对于确保您的设计工作具有高度相关性是最为重要的。有时这些信息可以写在设计说明中，或者您有可能被要求详细介绍自己的背景资料。

什么是直接视觉研究？

直接视觉研究指的是您自己发现并体验到的物体、地点或情景，如您看到、听到或触摸的东西。作为一名纺织品设计师，这些信息可能会在调研旅途中找到，您可以通过素描、彩绘、标记制作或摄影记录您在旅途中看到和体验到的事物。除了目的地，旅程本身也可能成为您研究的一部分。直接视觉研究是一种直接类型的研究，涉及您所有的感官对周围环境的反应。

因此，直接视觉研究是所有纺织品设计研究的基本要素，它补充了您对纺织品背景的知识和理解，所以您应该清楚自己收集视觉信息的目的。

图33　学生速写本。在艺术和设计的世界里，观察和分析周围的事物是很重要的。此学生正在研究包豪斯运动（德国，1919—1933），可以看到他们对这个时代的标志性图形很感兴趣。

图34 这些学生的速写本内页展示了如何将楼梯上阴影的照片用作探索各种图案结构的直接研究。学生使用速写本作为练习簿，尝试各种不同的图案。

我在跳蚤市场、汽车后备厢销售和复古精品店搜寻令人惊叹的商品。在那里，我会寻找复古纺织品、旧刺绣品和服饰，以及那些色彩惊艳、质地奇特、趣味盎然的物品。我用它们装饰工作室，把我的工作室变成了一个巨大的情绪板。

——卡伦·尼科尔（Karen Nicol）

什么是直接背景研究？

直接背景研究要求您通过体验纺织品本身，观察、思考和探索纺织品的世界。这包括处理面料、使用面料、观察他人如何使用面料，以及观察布料在不同文化中的角色。通过这些研究，您将建立对面料的认识和理解：它是如何表现、如何褶皱、如何移动，以及人们如何回应它并与之相处。这可能涉及与其他人的交流或采访，听别人讲故事，或者可能与您自己的经历有关。

"走出去"是成为设计师的一个关键素养。这对于收集研究原始资料是非常必要的，但是对于帮助您了解别人正在做的第一手资料也是至关重要的。参观制造或销售纺织品的地方是不错的选择。对于任何一个纺织品设计师来说，专营复古和当代纺织品的商店是值得一逛的地方，因为这些店铺涵盖了从服装到毛毯等各种产品。留意一下互联网上有什么，因为设计师的网站上有很多产品和价格信息供您查看。参观艺术家制作和出售自己作品的地方也是个好主意，比如艺术家的工作室、手工艺品博览会和开放日，您可以在那里与艺术家们交谈。

简单而言，直接研究（视觉和背景）影响设计过程的所有阶段，因为直接研究的刺激和质量使设计师想要设计和表达他们的个人想法。

作者提示

确保整理好绘画材料。可以试试用放置各种不同的材料和纸张的一个小工具箱制作便携式工具箱。随身携带一本小速写簿，以便快速地画草图、写下笔记和想法或收集您感兴趣的东西。

图35a　有很多地方可以参观纺织品，有些可能就在您家附近，也可能在更远的地方。市场遍布全球的各个角落，经常销售来自世界各地的纺织品。

图36　工欲善其事，必先利其器。但是，最好将使用的介质和工具类型与图形资源关联起来。换句话说，选择一种媒介和工具来表达您的资源的本质。

图35b　出售纺织品、时装和家居产品的商店值得一逛。这些商店可以是高街商店或更专业的精品店。

练习——纺织观察

把自己想象成第一次观察事物的探险家。找一些您熟悉但以前可能没有仔细观察的地方。当您停下来花时间观察时，您会注意到看似白色的墙壁上也存在着细微的颜色变化，或是树上每一片叶子的形状变化，或者阳光直射百叶窗时投下的阴影图案。

正是纺织设计师从日常环境中寻找设计潜力的能力使他们与众不同。

图37 当您在寻找那些您可能无法获得的一手资料的时候，间接研究的重要性便体现出来了。这些雪花的显微图像捕捉到了雪花的形态、肌理、颜色和图案。对纺织品设计师来说，这些都是非常重要的元素。

作者提示

当您外出时，试着记录尽可能多的信息。因为您可能无法再次到访这里，所以重要的是您要收集到足够的信息来构思设计图纸。

什么是间接研究？

间接研究与直接研究的不同之处在于，您不需要亲自体验一种现象，而是通过别人的眼睛去观察。这适用于视觉和背景研究。间接研究也同等重要，可以帮助加深和拓宽您对纺织品和纺织品设计的了解。您可以通过书籍、互联网、电视纪录片、电影、新闻或政治辩论来了解关于任何主题的更多内容。

间接研究的来源通常包括书籍、电影、杂志和数字资源等。间接研究非常重要，特别是如果您想看到一些自己很难发现的东西。例如，通过显微镜看到雪的晶体。间接研究对于帮助您理解历史和当代概念（如包豪斯或日本纺织品），以及纺织品设计的不同背景来说都是至关重要的。然而，为了获得充分的信息和创新，您需要学会平衡直接资料和间接资料。

您可以从间接研究中发现新材料，并发现纺织品领域正在发生的变化。通过间接研究，您可以在全球范围内发现与您的主题相关的事物，这有助于建立您自己的知识库。因此，直接研究和间接研究同样重要，您要学会平衡二者之间的关系。

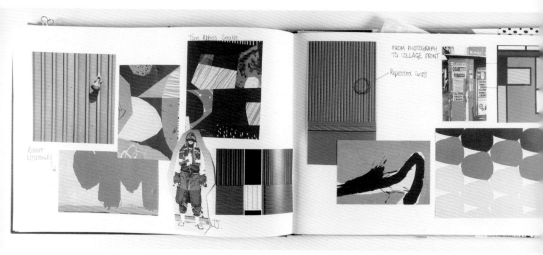

图38 此学生正在使用工业风格的门和街道家具来激发创作灵感，通过观察它们的颜色、形状、图案和纹理来获取信息。

灵感何处而来

看看任何您感兴趣或者对您重要并且符合您的想法的东西。

我们的环境会随着文化发展和时间推移而变化。这造就了每个设计师的不同，因为植物和自然形态、颜色和光线、建筑形式和材料等在世界各地都不同。

美术馆和博物馆为我们提供了关于文化的历史，以及文化艺术品的知识。作为纺织研究者，您可以通过研究文化艺术品来拓展自己的想法。看看其他文化中的图案、构图和组合方式也会让您受益匪浅，但关键是要观察和综合您正在研究的东西，这样您就可以用自己的方式去发挥。

灵感来源通常是非常间接的，它可以有很多不同的形状和形式，也会受到时间的影响。仅举几例：荷兰设计、约瑟夫·弗兰克（Josef Frank）、威廉·莫里斯（William Morris）、约瑟夫·贝伊斯（Joseph Beuys）、保罗·克莱（Paul Klee）、莱昂纳多（Leonardo）、毕加索（Picasso）、雷德利·斯科特（Ridley Scott）、汤姆·柯克（Tom Kirk）、查克·米切尔（Chuck Mitchell）、意大利摩托车、杰克和迪诺斯·查普曼（Dinos Chapman）、里基·杰维斯（Ricky Gervais）、莫娜·哈图姆（Mona Hatoum）等。

——Timorous Beasties

练习——绘画1

　　参观博物馆或美术馆的历史藏品。也可以是历史性的建筑，如拥有个人藏品或古董艺术品的豪华古宅。带上您的速写本和干性画笔，如钢笔和铅笔。也可以带上一个小水彩盒或装水的容器。一定要先征得场馆负责人的同意，他们通常都对您可以随身携带和使用的材料有所规定。如果您想拍照，首先要征得同意，因为许多藏品是不允许拍摄的。

　　选择您觉得有趣的东西。它可以是一件纺织品、一件服装、一件珠宝、一件陶瓷，甚至可能是一件家具。选择任何吸引您的物品或藏品。在颜色、表面等方面，您能看到哪些不同的特质？寻找有趣的图案和形状；看看这些颜色，是否因时间或使用而褪色？看看表面特性。试着在您的素描中体现这些特质。不要试图解决绘图问题，而应试图捕捉您在研究绘图中所看到的东西的"本质"。您需要在这里使用不同的技术绘制图画。考虑采用"线条散步"的方式，即在纸或笔停留的页面，用一条连续的线勾勒出物体的轮廓。尝试说明它的纹理特征和图案。做完这些研究，您可以把它们带回去，进行进一步的分析和开发。要确保已经获取了足够的信息，因为不可能总是故地重游。不要过度依赖照片或数字复制品，没有什么比实际参观、观察和分析能更好地影响到你。这样才会形成您自己独特的见解。

　　美术馆倾向于关注当代艺术品和实践，虽然许多美术馆都有从历史的角度展示艺术和设计的永久性藏品，但不同的美术馆所展示的内容各不相同。许多美术馆侧重于艺术，包括绘画、雕塑、概念作品、电影、视频、摄影和装置艺术。一些美术馆则专注于设计，比如伦敦的设计博物馆，或者纽约的库珀休伊特国家设计博物馆，还有一些展示当代工艺的美术馆。查找您所在地区的美术馆，参观一些展示当代工艺的美术馆。去参观当前的展览是了解最新情况和结识朋友的好办法！

图39　苏格兰邓迪的维多利亚与艾尔伯特（V&A）博物馆，由隈研吾（Kengo Kuma）设计。像维多利亚与艾尔伯特（V&A）这样的博物馆里珍藏着众多有研究价值的文化艺术品。这些博物馆也非常欢迎学生们在其中坐着画画，请大胆征求同意！

摄影

　　摄影是收集第一手信息的绝佳方式，但您必须考虑如何使用相机或手机。相机是您的研究工具，所以需要考虑如何使用它和使用的目的。请记住，您正在通过镜头寻找并记录图像，以便进一步发展构思。请仔细思考您的画面构图，确定构图，以及如何平衡光线和色彩。您是否足够接近您的研究所需要的纹理或表面？您是否捕获到了对您有用的结构并进行了构图?相机提供了一种不同类型的视觉研究；它有自己的特点，可以在研究过程中充分利用Photoshop和Illustrator等软件。

数字工具

　　像Adobe Creative Suite这样的软件包包含大量的数字工具，越来越多的艺术家和设计师将这些数字工具与手工处理结合使用。拓展您的技能，特别是在Photoshop和Illustrator中，使您能够快速发展您的视觉想法，然后可以分析和选择进一步拓展。

图40　这幅学生的绘画展示了他们如何将自己的照片拼贴到他们的画中，使整个画面更有深度。除了"复制"照片之外，还可以思考一些新颖的方式来使用自己的照片。思考您将如何诠释照片或将照片融入您的作品中。

照片不仅是图像（就像绘画也是图像），还是对真实生活的一种诠释；它也是一种痕迹，是直接印刻出来的真实事物，就像脚印或死亡面具。

——苏珊·桑塔格（Susan Sontag）

尽管我在工作中常常使用计算机，运用高科技，但我还是喜欢可以用手直接触碰到的东西。

——三宅一生（Issey Miyake）

学术期刊

学术期刊是指定期出版的学术出版物，可以作为有用的参考资料。在纺织设计领域，它通常是一本杂志，里面包含了最新和当前的书面作品。学术出版物和期刊包含由该领域的专家撰写和审查的特定学科信息。

这些出版物将为您提供各种类型的信息，涉及与设计有关的一系列问题。这可能包括性别和历史争论，以及工作政治、工艺方法或当前的研究实践。它们是重要的出版物，向读者介绍更广泛的设计领域中的当代实践。更重要的是，它们是基于学术研究信息在整个领域共享的关键手段。学院和大学图书馆可以帮助您获取与所学专业相关的期刊。

时尚杂志

时尚杂志是获取与您的主题领域相关的热门话题的绝佳途径，而且有大量的杂志可供选择。它们所包含的信息类型各不相同，其中许多信息侧重于时装或室内纺织品。一些专业的纺织品出版物始终关注纺织品和纺织品问题。时尚预测杂志也很有帮助，因为它们包含了有关纺织业的趋势预测信息。

许多流行杂志都有关于时尚和室内设计的视觉信息（摄影）的内容，以及关于各种流行话题的专题文章。浏览更多主流时尚和室内设计杂志是值得的，因为它们是当代流行文化的绝佳缩影。

还有一些奇妙的科技杂志，可以从中获取关于新材料和面料的所有最新信息。这些杂志以纺织品的材料调查和创新为中心。这些信息可以帮助您了解您所从事领域的广度，而且随着经验的增加这些信息变得更加重要。

使用互联网

互联网是目前最容易接触和收集信息的方法。通过使用搜索引擎，我们可以立即找到大量的链接网站和资源，用于研究世界范围内的任何主题。互联网是一个重要的工具，可以快速找到信息，并为我们提供最新的设计趋势和评论。然而，重要的是，不要仅仅依赖互联网研究项目。它能让我们接触到公司和专家信息，但互联网研究不是一座孤岛，我们需要结合使用其他类型的研究方法，以保持我们与其他考虑因素的联系：例如，材料的触觉质量和3D建模与图案。

数字平台

如今有大量的在线资源可供浏览，可以很方便地接触到当代设计作品和设计师。像Instagram这样的平台是一个很好的视觉参考来源，也是一个保存数字材料的理想网站。YouTube也是一个很棒的资源平台，可以找到各种主题的视频片段，从TED演讲到信息联系设计和制作的方式。

书籍

关于纺织品设计，有大量的书籍可供参考。教科书是学习新工艺必不可少的材料，因为它们有助于指导实际知识。此外，有关著名设计师和设计运动的书籍，如包豪斯、理论书籍、历史纺织品和文化都可以帮助您增加有关设计学科的知识。从本质上讲，书籍推动您进一步实践，帮助您思考和分析主题。这最终会帮助您在许多不同的背景下理解纺织品设计。

历史档案

作为一名纺织品设计师，重要的是您要对纺织品的丰富历史有深入的了解。通过研究过去几个世纪的纺织品设计，我们能够了解某些面料被制造出来的方法和原因，并研究它们与当今和未来设计的相关性。

对于纺织品，历史研究可以有许多不同的来源，有些直接与纺织品相关，例如，通过时装、室内装饰和陈设，以及其他设计主题，如陶瓷、珠宝和服装。大型美术馆和博物馆通常是在一个地方就能看到大量装饰艺术的绝佳场所。但在其他国家和地区的美术馆和博物馆里也有许多小型藏品。通常情况下，可以与馆长预约，参观博物馆、美术馆和档案馆的某些时期或类型的文物，因为一般这些文物不对外展出。

图41　疯狂图案拼布是19世纪末美国盛行的纺织品拼接技术。补丁和边框采用不拘一格的混合图案设计。

访问图书馆

图书馆通常是开始探索研究项目的最佳场所，因为您可以即时获得各种参考资料，包括文本和图片。在头脑风暴之后，您会对从何入手有一些想法。在参观图书馆时，尽量保持开放的心态，留出足够的时间去探索不同的主题和书籍，有些主题最初可能看起来与您的研究毫不相关。与互联网不同，使用书籍是一种完全不同的体验，它既能刺激视觉，又能从所提供的身体触觉和嗅觉来激发灵感。重要的是要记住，书籍本身就是制作精美的工艺品。观察当代的书籍设计和原创、历史手稿，可以提供比在任何网站页面都更丰富的灵感来源。

视觉研究

视觉研究包括仔细观察事物。这听起来易如反掌，但比您想象的要困难得多；这取决于您对所见之物所持的开放态度，并允许自己放松下来，对视觉刺激做出反应。它是关于记录和记载构思和研究阶段所处理的信息。它依赖于您对所见之物的深度思考，并在绘画或照片中捕捉环境的本质。

图42　学生素描展示了对颜色、结构、质地、形式和构图的研究。学生通过他们的混合媒体方法极好地传达了建筑工地上建材的混乱。

视觉研究对每个设计师来说都是至关重要的。保持您对所见之物的好奇心也很重要，这样才能对设计研究产生不竭的动力。

> 我可以永远研究昆虫，注意它们翅膀上的薄纱纹理和覆盖在蛹壳上的柔软纤维。
>
> ——麻纪佳穗里（Kahori Maki）

观察技巧

请始终记住，您正在收集研究阶段可用的信息。您不一定要画一幅传统意义上的"画"。重要的是，在任何时候都要把您的研究看成是"信息收集"，因为这是您构思过程中的第一个也是最关键的阶段。

把您的速写本页面看作是一张学习表，在那里您可以详细地记录细节形式、形状、有趣的表面、图案或颜色。您可能还需要尝试用不同的方式来记录您观察的事物。尝试靠近放大观察，或者尝试通过镜子以不同的方式观察事物。从不同的角度观察事物，或者拍照，然后检查它们。在这个阶段，运用您的想象力来发现日常生活带来的设计潜力。

绘图

纺织品设计的绘图常常被人误解。许多人把它当成是在开始"真正的"设计工作之前必须完成的一项苦差事。然而，绘图是设计过程的基础，有助于为设计提供丰富的素材来源。不一定要遵循传统的绘画技巧，您可以发挥自己的绘画风格来创造个人特色。

绘画没有"标准答案"。有些人非常擅长观察或"写实"绘画，他们对比例、尺寸和构图的理解可以非常准确地表达他们的主题。然而，这并不一定意味着他们是优秀的纺织品设计师。绘画本质上是关于想法、测试事物、实验和尝试从广泛的方法中实现可视化。绘图是一个充满活力和高度创造性的过程，最终是您所有设计工作的支柱。

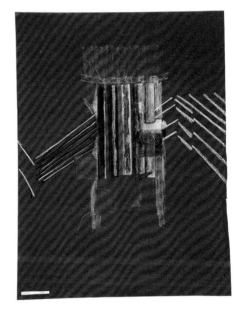

图43　学生用拼贴画和油画棒创作。改变纸张的颜色会对最终成品产生巨大的影响。在这幅作品中，油彩的活力在红纸上很好地展现并传递了资源的能量。

解读创意的方法和工具

在这一部分，我们将研究用于生成创意的工具，以便更深入地了解不同的研究方法。纺织品的研究应该包括每个生产阶段的材料和可视化过程。在此过程中，在背景、材料和视觉之间有整体的设计方法是至关重要的。

速写本

速写本是您拥有的最重要的工具。从较小的A5（148mm×210mm）到较大的A2（594mm×420mm），它们有许多不同的形状和尺寸。它们可以是精装本、线装本，或者是活页装订，以便可以随时取出纸张。您可以根据自己的使用习惯决定用哪种尺寸。例如，您是否想随身携带以便随时记录您的想法和观察？如果是这样，A2尺寸可能太大了。您希望纸张可以随时取出？如果是这样，精装本就不适合了。在您买之前，考虑一下您将如何使用它，挑选一个适合您与您的工作方式的速写本。

把速写本当作您的创作伙伴。记录主要的视觉信息，并写下您的想法和观察结果，包括您觉得启发您的艺术家和设计师的信息。这可以是来自展览的明信片，有关颜色和背景资料的信息等。速写本是一种反思工具，它允许您以一种持续的方式通过回溯和前进进行研究。

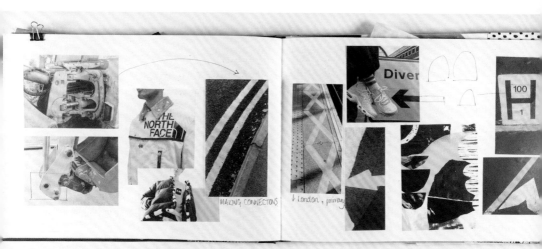

图44 这本学生速写本展示了背景研究和视觉研究之间的联系。学生把自己拍摄的机器、路标和外套联系起来，创造出一种动态氛围。

绘画材料

在您开始绘图之前，选择能与视觉资源产生共鸣的合适对象是至关重要的。从本质上说，这意味着您必须把资源和材料作为一个整体来考虑，并选择能够诠释这些内容的材料。用以下方式思考您的资源是有帮助的：资源是易碎的还是坚固的，是透明的还是不透明的，是丰富和色彩鲜艳的吗?然后选择与主题的感觉或情绪匹配的材料。花点时间思考您正在观察的东西，并分析您正在画的主题性质，以便选择一种合适的媒介来绘画。

主要绘图材料

铅笔：8B、6B、4B、2B、HB

小卷笔刀

炭笔：6B、2B、白色

压缩木炭：数支

葡萄藤炭笔：质地柔软的，数支

橡皮：乙烯基可塑橡皮

色彩笔：蜡笔

水粉

水彩

印度墨水：黑色和各种颜色

绘图墨水：棕褐色或焦褐色

笔杆和笔尖（必须有笔尖才能绘图）

数支毛刷：大号和小号

固体胶（可选）

胶带纸

手指！

拓展绘图技法

水墨

水墨是一种非常简单的技术。它创造了一系列自然的痕迹、笔触和线条，这些都是由墨水或钢笔在潮湿的纸面上"渗透"而成的。

首先，用水打湿纸张。您可以用海绵擦，也可以用大刷子把水涂上。接下来，用笔尖或类似的东西（甚至是棍子或羽毛）蘸上墨水在湿润的纸上绘图。墨水的线条会立即开始流动晕染。用这种技术进行实验并找到控制效果的方法。您可以尝试很多方法来做这件事。更换纸张的类型——如果使用水彩纸而不是墨盒纸会发生什么呢？尝试在不同湿度的纸上控制墨水的渗透。也可以在一部分浸湿，另一部分保持干燥的纸上做实验。

您也可以尝试水洗技术，即通过"水洗"将颜色洗掉。试着用墨水画一遍，然后用漂白剂绘画。

只要用一支笔和一瓶墨水，您就能做出不同质地、色调和颜色的画作，这是多么神奇的体验！

——艾达·伦图尔·奥斯维特（Ida Rentoul Outhwaite）

图45   学生速写本展示了用水墨绘制的观察性绘图。在白纸上使用黑色墨水传达出图像中的力量感。

使用颜料和铅笔

您应该熟悉使用某些类型的绘画颜料。水粉和水彩是设计师常用的颜料，因为它们干得快，易于混合且颜色保持好。然而，同时使用一种以上的媒介，需要采取稍微不同的方法——两者都需要相互配合，相互补充。试着先用铅笔描绘线条，使用水墨颜料，您会看到铅笔线条跃然纸上。接下来，尝试用铅笔线条和颜料来描绘您的作品。

海绵擦拭和刮擦

海绵擦拭是一种用海绵涂刷颜料的技术，可以覆盖较大的凹凸表面，并产生令人惊艳的效果。试着用一块海绵蘸上相对比较便宜的白色墙面乳胶漆，然后进行擦拭。一旦漆面干燥或在漆面上形成了一层硬皮，您就可以开始在漆面上"刮"。可以使用各种各样的工具来做这件事——棍棒、手术刀、铅笔甚至大头针。

图46 这些观察性绘图是在公园里用颜料和铅笔画的。每张速写都提供了可以在工作室进一步绘制的信息。

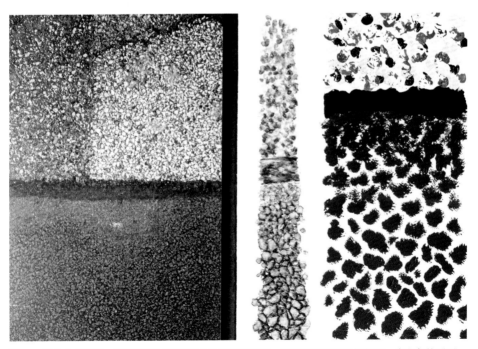

图47 学生作品示例,展示了通过海绵技术诠释摄影图像,创造出可以通过材料进一步润色的画面。

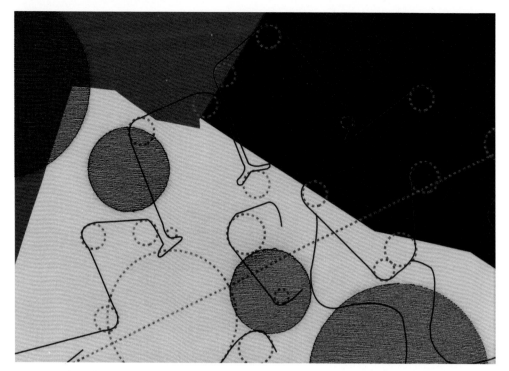

图48a   此学生的作品是数字刺绣和印花结合的示例，展示了针线如何被用作绘图工具。

用针线绘图

缝纫机也是一种绘图工具。拆掉缝纫机压脚，您可以开始"自由缝线"，创造不同寻常的线条。尝试在没有线的情况下使用缝纫机，把纸举到灯光下，看看制成的孔洞在纸上的效果。

标记制作

如前所述，标记制作在创造动态的表面效果方面会起到重要作用，这些效果可以转化为纺织品。许多技术细节可以用来在纸或其他表面上创造一系列自然的标记。

图48b   学生用针线绘图。

练习——绘画2

首先，选择一些观察的物体。不要试图用特定的物体来预测您的画可能会是什么样子，而要选择一些有意义或叙事性的物体。把这些物体紧紧排列在一起，也许是侧放、倒放，或者相互叠放。接下来，在一张A4纸的中心剪出一个4cm×4cm（1.5英寸×1.5英寸）的"窗口"作为观察器。在物体周围移动"窗口"，寻找一个有趣的构图。

使用大张纸，最好是A1（D），您现在可以使用不同的材料媒介创作一系列快速、动态的画作。这些材料可能包括：

- 永久记号笔
- 铅笔
- 石墨棒
- 圆珠笔
- 代针笔
- 大刷子
- 蜡笔
- 木炭

尝试站着画画，因为这会增加您手臂伸展的活动范围。直接在同一张纸上反复进行绘画练习。每次练习都要改变取景器的位置并旋转纸张。

记忆绘图

仔细观察您的物体两分钟——试着在脑海中捕捉构图取景器中的物体形状。遮住物体，现在根据您的记忆绘图。

连续画线

画出您观察的物体，眼睛一直盯着它。笔在纸上连续绘图，但不要看纸。为自己计时两分钟。

胶带画

只用一条胶带纸完成画作。再次强调，让每一根线条为您绘图，为自己计时两分钟。试着用胶带把绘图工具粘在一根长棍的末端来放大您的作品。您需要把您的图纸放在地板上，重新排列物体的位置——再次，为自己计时。

在页面上用不同的媒介材料重复所有这些练习。快节奏的练习有助于您快速观察，并快速画出动态的图画。检查一下您所画的图纸是很重要的。使用胶带、纸窗或相机，确定感兴趣的区域。这可能是不同质感的标记、作品或制作的新结构。

记住，这都是绘图过程的一部分。您现在应该利用一些有趣的纸面和标记。您可能会在标记中感受到一种能量，或者反映出您所选择物体的敏感性。在相对较短的时间内，您已经完成了大量的工作——您已经对其进行了评估，并选择了与纺织技术相关的领域进行改进，以帮助您将这些图纸转化为纺织品。

设计学科之间的界限正变得越来越模糊。我们看到今天的纺织设计师使用许多其他类型的材料。这提供了新的令人兴奋的可能性，使用混合媒介的观察性绘图技术在引发新的纺织方法方面卓有成效。

混合媒介是指将两种或两种以上类型的媒介组合在一起，形成单一作品的过程。这种观察性绘图技术可以做出许多不同的表面和纹理。找到的物体对象可以与传统的绘画媒介结合使用，比如颜料和铅笔。

混合媒介通过采用线条、色调、纹理、形状和形态，将传统材料与其他媒介如拼贴、油漆、纸张结构和金属线一起使用，以二维和浮雕的方式研究构图，扩展绘画的经验。

这里概括了一些常用的混合媒介技术。

拼贴

拼贴是一种将不同类型的材料聚集在一起的技术。拼贴画可以包括各种各样的材料，如报纸和杂志剪片、彩纸和手工纸、照片、明信片和许多其他发现的物品。

图49 学生混合媒介的示例。此学生使用了颜料、墨水、毡尖笔和彩色火柴棒的组合创作，在他们的草稿中营造出一种3D的氛围。

图50 学生速写本大胆使用拼贴画来表达支架式结构。此学生把旧的学生会海报重新运用在她的作品中。拼贴是一种非常有力的传达信息的方式，特别是如果您在作品中使用了有趣的贴纸。试着自己做些贴纸，创造出可以拼贴的颜色和记号。

浮雕

浮雕式绘画包括建立表面、可以通过分层和重叠的拼贴材料来实现绘图中的凸起部分。通过在另一个表面上叠层薄纸，考虑同时使用不同的材料，如纹理、印花或颜色会通过外表面显现出来。

练习——拼贴

收集一系列纸质材料，可能包括用过的信封和邮票、硬纸板、旧衣服图案、地图、报纸、公共汽车票或购物小票。用一张A2（C）的纸，组装和粘贴您找到的物体，同时观察您的构图（如绘画技巧）。考虑物体的形状和形态，以及它们是如何重叠的。为反映构图，可撕开、撕碎、切割纸张边缘。使用传统的绘画材料，来增加细节和色彩，可进一步发展这种拼贴方法。

图51　学生通过切割不同重量的纸张、颜料、墨水和蜡纸，制造出一个新的表面，并可进行对比。注意通过模板切割页面来进行有趣的分层，以显示下一页的标记。

观察线条

在构图中观察线条有很多方法，而不总是在平面上"画"。用缝纫机绘图是一种方法。铁丝也可以用来研究3D空间，可以选择一条柔软易弯曲的铁丝来做到这一点。

试着用工具刀在纸上切割，创造出重复的和有图案的线条。这种技术改变了纸张的手感和质感，使纸张"下垂"或弯曲，从而产生不同的浮雕效果。

作者提示

这里是一些改变纸张质感的方法：

- 折叠
- 弯曲
- 滚动
- 扭转
- 撕裂
- 压皱
- 切割
- 切碎
- 刺穿
- 刻痕
- 编织
- 分层
- 打孔
- 碾压

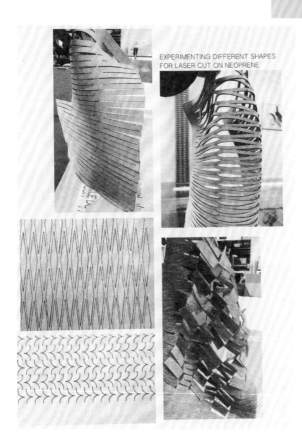

图52　学生作品采用开放式切割方式，通过激光切割创造线条图案。切割织物，使简单的表面线条形态转变为3D结构。

练习——比例绘图

使用现有的图画，画出一个10cm×10cm的区域，遮住或覆盖图片的其余部分。仅使用单色，以25cm×25cm和4cm×4cm的尺寸重新绘制该区域。

比例可以用来从不同的角度研究一个主题。如前所述，纺织品设计的绘图主要是研究细节。这可以通过表面、图案、纹理或结构来实现。

通过放大一个区域，您可以像一个科学家那样研究这个主题的细节。然而，您可能想在完全不同的范围内观察和记录，可以用很多方法来实现这件事。

首先，您可以把我们看到的事物画成更大或更小的比例。您还可以使用不同的工具，如影印或图像投影。通过在醋酸纤维面料上绘图或影印，您可以使用投影仪将图案投影到墙上。把大张的纸贴在墙上，然后您可以以一个全新的比例重新绘制。更小的比例也是可能的，并且经常将绘制的图像放入重复的模式中。也可以将图像影印或扫描到计算机上来缩小或放大细节。

2D绘图

2D绘图是指仅显示长度和宽度尺寸的绘图技术。在观察性绘画中，我们实际上是在"扁平化"构图，去除任何能提供深度和错觉的额外信息。这对设计绘图来说，是一种非常有用的技术。从鸟瞰角度作画是一个说明如何将其付诸实践的好例子。从正上方观察您的构图，您会注意到物体之间的关系是如何变化的。任何阴影或反射都可以作为观察平面。

3D绘图

3D绘图进一步增加了深度的维度。这就是透视，在绘图中使用明暗处理，可以增加3D质感。绘图也可以在三维空间完成——纸张或不同的表面可以被切割或处理成3D形态。将您的表现主体以3D形态展示，或许可以让您从一个新的角度来思考自己的作品。

从3D绘图到2D绘图

探索绘图的一种有效方法是从一个维度转换到另一个维度。对一张纸进行切割、折叠、粘贴，将其重塑成一个3D形态。现在这是您2D绘图的对象。使用另一张同样的纸，用单色线条将3D形态绘制成2D。

图53　学生仔细观察昆虫形态。当学生寻找和收集与他们看到的纹理、形态和标记相关的其他背景信息时，这些动物的3D结构是最能激发创意的。

图54　剪纸和改造纸张可以成为创作绘画的灵感源泉。用不同的纸做实验，看看它们是如何保持形状的。日本艺术家照屋勇贤用牛皮纸购物袋制作了精美的手工雕刻的微型树。

纺织品设计师经常收集他们看到和接触到的东西。他们经常收集材料为工作做参考。这些资料为设计师提供视觉来源，让他们可以检查颜色和纹理等。还可以让设计师切实感受材料的质感（可能是启发他们"灵感"的材料的凉爽、粗糙、光滑的质地或重量）。手中的"资源"（可能是一件物品）有助于重新体验。这一点很重要，因为这些感官体验可以影响设计师如何开始转化和发展他们的想法。

头脑风暴和思维导图技术

"头脑风暴"一词通常用来描述快速产生初始想法的方法。在这种情况下，小组讨论会很有帮助，但自己进行的话也可以很有效。小组讨论时可以分享观点和想法，以帮助拓宽思考领域。通常，小组中的某个人负责用便利贴写下所有的词语来探索想法。一个词或一个图像就足够了，不需要一个冗长的描述。当所有可能的想法都被研究过之后，词语列表会被无限扩大。现在您可以再次重新审视这个列表了，选择最重要的词。突出关键词，并在头脑风暴会议结束时将这些关键词列入优

图55　思维导图是将您所有的想法写在纸上并在您所有的想法之间建立联系的绝佳方式。您可以通过数字化的方式绘制思维导读，也可以简单地创建以物理方式添加的手绘思维导图。

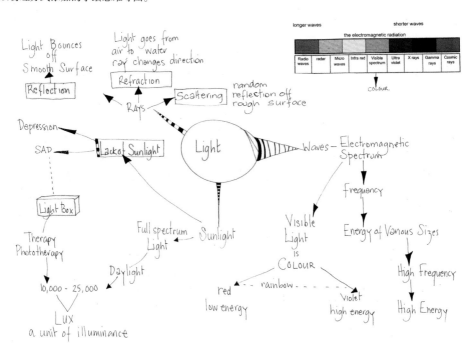

先级列表。从这一环节产生的结果现在可以作为一个参考点，在您的项目开始时和整个周期中都可以使用。

头脑风暴是一种集思广益的方法。头脑风暴的另一种常用方法是思维导图。思维导图是思想的视觉地图。从一个中心思想开始，以圆形形状延伸出各种想法。当从中心思想中画出分支时，您可以添加关键字、颜色和图像。思维导图是一个很有效的工具，它可以帮助您把想法视觉化，把您的想法分解成最重要的关键词——使您更容易建立联系和联想。

主题

文字和图像可以作为您研究项目的创作催化剂。这种方法的优点是，您可以通过提供独特的创意视角来实现项目的个性化。它们可以用来表达您的个性、观点和兴趣。重要的是要记住，优秀的设计师会为设计带来他们自己的灵感，这对于创造您自己的视觉语言至关重要。

当思考一个主题时，您需要选择一个能激发您创意的起点。这需要与这个想法联系起来考虑。通常，主题可以从一个词或一个图像发展而来。作为催化剂，它们可以被用作头脑风暴的创意跳板。

练习——探索主题

选择一件您在过去一年里经历的事。思考一下如何利用自己的触觉、味觉、视觉、嗅觉和听觉来研究这件事。您如何利用间接资料来研究这件事？您可以去哪里研究？您能参考哪些书？您如何利用互联网来研究这件事？您认为什么样的网站最有帮助？

每一季我都能发现新的主题，有时甚至是相互对立的主题。例如，克莱门茨·里贝罗（Clements Ribeiro）曾经被要求提供夸张的设计，而约翰·罗莎（John Rocha）则希望用极简设计唤起抽象艺术。

——卡伦·尼科尔（Karen Nicol）

练习——思维导图

从一张白纸的中间开始，写下或画出您想要研究的想法。为此，建议您使用横向的纸张。围绕这个中心主题展开相关的子标题，用一条线将它们与中心联系起来。用相同的方法处理子标题，生成另一层较低级别的子标题，将每个子标题与相应的子主题连接起来。

图56 学生的这些主题板展示了一个纺织品系列的两个不同主题的发展。学生从别人的作品和他们自己的绘画中获得灵感。

情绪/故事板

情绪板或故事板可以很简单地捕捉您收集到的视觉刺激——照片、剪报、颜色、纹理、图案。这也可能包括织物、纱线或配件。情绪板的规则是，必须清晰地传达情绪或故事。这个板的作用不是正式代表设计的某些方面，而在于简单地作为灵感——也许在研究阶段为一个特定的主题或图案、颜色方案提供一个起点。

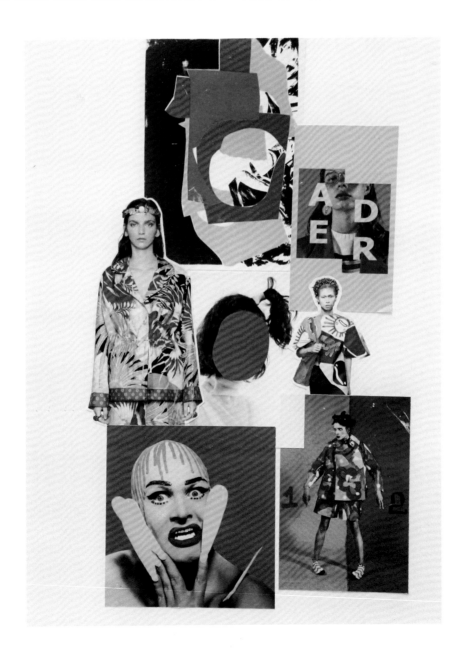

访谈

卡伦·尼科尔（Karen Nicol）

卡伦·尼科尔是一位刺绣和混合媒介纺织艺术家，她主要从事美术馆、时装和室内设计领域的工作，其位于伦敦的设计工作室已成立40年。

图57　卡伦·尼科尔在自己的工作室工作。

您的研究想法来自哪里？

随时随地。我经常拍摄或速写任何在视觉上吸引我的东西，无论是在博物馆还是美术馆里，或是仅仅是板条门的图案或叶子阴影的斑驳，这绝对是一种持续不断的体验。我不仅仅只是为了当时正在进行的项目，而是要建立一个不断变化的灵感图片和想法的集合。

我一直关注媒体、杂志、电影、时装秀网站等，试着持续了解情绪和色彩的变化。

跳蚤市场也是我常去的地方，我在那里可以找到非同寻常的、独一无二的物品和刺绣品。它们也是极好的材料来源，它们本身就给我很多灵感。我收集了一系列令人惊叹的优质丝线、穗带、织物、珠子，这些是你在商店里找不到的。

在混合媒介工作，我试图保持对事物的质地和纹理，以及它们的视觉重要性的超强意识。

如何开始您的研究？

如果我简短地回答这个问题，那就是一切都集中在需要的主题上。如果运气好的话，当我被告知这个项目时，我的脑海中就会充满各种可能的想法，接下来的工作就是完善这些想法并在此基础上赋予它们深度，尝试寻找新的方法来处理这些想法。通常，在这个行业工作，你可能最多只有一两天的时间来研究和取样，这意味着您必须速战速决。我多年来收集的图片和资料给予了我"创意"档案，让我的工作事半功倍。

为什么研究对您的工作如此重要？

视觉研究对我的工作非常重要，它丰富了我的想象力和想法，防止我的思维陷入陈腔滥调。研究以一种非凡的方式为我的工作注入活力，当你开始混合不同的促进因素，它就会变成真正属于个人的东西。我坚信，每个人看待事物的方式和个人品位是他们在设计中最重要的资产。我们对事物的个人看法让我们区别于其他伟大的艺术家和设计师，所以最大的危险是把你的研究范围缩小到只看别人在做什么。

同样令人兴奋的是，我们发现人们对同一种视觉"养料"的反应会随着周围一切事物的风格变化而变化。

图58 这条委托设计的被子是为了纪念伦敦标志性的利伯提百货公司成立140周年。卡伦的灵感来自百货公司的都铎风格外墙，它是用船上的木材建造的。航海主题激发了她的灵感，她设计的海洋和船舶的图案还包括有文身的猴子水手。

谈谈您的设计过程，您是如何产生这些想法的？

我从绘画开始，从我的视觉研究中粗略地勾画出想法。我的绘画主要是为了获取信息，因为我认为只有当你在绘画的时候，才会真正"看到"一些东西，所以绘画是围绕着形状、颜色和事物运作方式进行的。然后我几乎立刻开始着手面料工作。在混合媒介中工作，纸张、铅笔、颜料等不能代替亲自试验时表面和标记的奇妙混合。对底布和材料的选择每次都会产生一个完全不同的图像，你用针迹做的标记不能代表纸上的画线，所以我发现必须用布来画草图。我一直告诉自己："试试吧，如果不管用，扔掉就可以，我还是会学到一些东西的。"

请谈谈您的工作经历

我曾以自由职业者的身份在时装行业、室内设计行业和美术馆工作过。我曾为众多时装设计师工作过，比如夏帕瑞丽和亚历山大·麦昆。在室内设计方面，我曾与知名的室内设计师合作，为卡塔尔国王和教皇等私人客户服务，并为安家和DG等公司提供过自有品牌作品。自2010年起，我还从事过艺术品创作，在伦敦、纽约和巴黎举办过个人展览，也参加过世界各地的展览和艺术博览会。

图59 卡伦的时尚合作将她独特的纺织主题和刺绣技术带到了T台上。这件装饰丰富的服装展示了她独特的"混杂"风格，她喜欢尝试各种不同的纺织方法，如珠饰、刺绣和流苏。

图60　作品《冰熊》。绘画和素描是卡伦设计过程的基础。首先将熊这样的大型动物画在大张描图纸上，然后转移到织物上，使用各种装饰技术和材料来进行研究。实验是她设计实践的核心，她总是尝试新的想法，从不害怕冒险。

图61　作品《书旗》。在这幅作品中，卡伦使用了"剪切粘贴"的方法，她将不同的纺织元素放在一起，类似于速写本中的拼贴页面，最后将它们固定在所需的构图中。这样，想法可以保持流动，可以在决定最后的安排之前，探索不同的布局。

请谈谈对您工作影响最大的人或事

我母亲曾是一名刺绣师兼画家，后来成为插花大师。我经常看我作品中的花卉设计，想想她教了我多少。在我和妹妹十三岁的时候，她给我们制作服装，从那时起我们就开始自己制作服装了，这给了我们很大的自由空间，我们不需要墨守成规，让我觉得只要有勇气去尝试，我就可以做任何事情。我在曼彻斯特大学的导师朱迪·巴里（Judy Barry）也深深影响了我，她把自己对这门学科的全部热情传递给了我。除此之外，还有无数令我敬畏的艺术家……

图62 这幅由某国际银行委托设计的刺绣世界地图融合了来自世界各地的自然图案的插图，创造了一个高度装饰性的纺织品壁饰。

您觉得迄今为止最大的成就是什么?

我做过一些非常有趣的工作。我很高兴能参加皇家学院夏季服装秀,我很喜欢上一季与夏帕瑞丽的合作。我总是希望接下来要做的事情会是我做过最棒的事情!

您对那些想从事纺织品设计的人有什么建议吗?

永远保持激情和信心,永远不要错过截止日期。

案例分析

德赖斯·范·诺顿（Dries Van Noten）

比利时设计师德赖斯·范·诺顿是"安特卫普六君子"的一员。"安特卫普六君子"是一个20世纪80年代初从安特卫普皇家美术学院毕业的团体，他们把自己打造成一个不同凡响的时尚集体。他们当时的观点高度原创且非同寻常。他的系列以不拘一格的独特印花和图案而闻名，而来自世界各地的传统面料、印花和颜色为范·诺顿的独特美学添砖加瓦。他以与纺织创新者在创意和可持续发展事业方面的合作而闻名，多年来他一直与印度的工匠和刺绣师合作。

范·诺顿在全球有很多独立的商店，包括在安特卫普的一家5层的前百货公司。他设计的系列也在全球500多家零售店销售。这位设计师不喜欢为自己打广告，这一点尤其令人印象深刻。他因对时尚界的贡献而获得了许多奖项和荣誉，包括皇家工业设计师，佛兰德斯商会颁发的金奖（Gouden Penning），以及纽约时尚博物馆时装高级定制委员会颁发的高级定制委员会艺术奖。

我对布料和颜色很着迷。

——德赖斯·范·诺顿（Dries Van Noten）

我试着每一季都出一些印花设计，这样我们就可以和六个印花商家合作。在印度，我们有一个3000人的家庭手工作坊，他们从事多种刺绣技术工作。所以对我来说，在每个系列中都运用刺绣是很重要的。有时很明显，有时很隐秘。但只要一直用到刺绣，我就可以给这些人提供工作。

图63　运用刺绣技术的德赖斯·范·诺顿男装作品细节。

图64　德赖斯·范·诺顿巴黎时装周2019—2020秋冬男装系列。

第 3 章

材料调查
研究

本章详细描述了如何研究视觉信息，并将深入了解构思与创造之间的过渡，即材料、纺织技术和调查。如第1章所述，这是一个在构思、研究和创作之间切换和反复的过程。最终，研究阶段是最深入的阶段，需要对思想进行彻底的批判性分析，通过不断地反思和实验来恰当地诠释。

在研究阶段，您可以在纺织工艺中练习、磨炼和完善自己的制造技能。这对于一个纺织品设计师来说是至关重要的，因为"通过制作思考"可以让您通过构思解读、材料和过程调查来理解各种可能性。

我们将讨论纺织品的五个关键领域：

- 表面
- 纹理
- 图案
- 结构
- 色彩

色彩是所有领域的基础，将在下一章中详细解释。

图65 学生设计的混合媒介织物——印花、刺绣和表面彩箔装饰的毛织物与棉织物。

什么是表面？

纺织品设计中的表面主要是指织物表面的图像、图案或装饰元素。表面设计可以使用平面和二维技术，如手工或数字印花，也可以应用混合媒介和缝纫工艺等技术。为了成功应用这些元素，必须考虑所有关键领域的图案、色彩、纹理和表面等的相互关系，因为正是这些关键元素组合决定了表面设计的成功。在纺织品设计中，理想的结果是一个成功的组合，这个组合充分整合关键领域，创造新颖的表面特质。

纺织品表面技术利用传统技术，如丝网印花和手工缝合，以及数字印花和数字刺绣等新技术。新技术的出现为以工艺为主导的研究提供了丰富的资源，这是对传统工艺的补充。这为设计师开辟了新的可能性，在这里材料有无限的诠释方式。纺织品设计课程的学生和毕业生现在能够将自己定位为表面设计师，为那些有纺织设计背景的人研究新的实践类型。

图66b　此学生利用粗花呢布料的表面来创作抽象的纺织品印花，这些印花的灵感来自仙人掌的形状和表面。该学生在这个作品中使用了剪纸和拼贴，并通过分层进一步提高了布料表面的触感。

图66a　表面效果的灵感无处不在。这幅学生画是一系列蘑菇底部研究的一部分。它提醒我们，花时间观察日常事物可以带来巨大的创造性回报。

练习——表面效果

使用彩色透明纸、照片，以及废弃标签、小票或包装纸和褶皱纸等回收材料的碎片创造一个2D表面，以便为绘画创造不同的表面。或者使用普通白纸，从以下列表中选择两个或三个操作来创造不同的表面效果：

- 分层
- 撕扯
- 刮擦
- 清洗
- 压痕
- 打褶
- 折叠
- 摩擦
- 切削

什么是纹理？

纹理是指可以在面料上或面料内部表达一系列2D/3D表面的触觉特性。不同的纹理会唤起不同类型的反应，并且可以用来改变面料本身的"形态"。大多数纺织品表面都会被不断触碰和触摸。纹理是布匹表面感觉的同义词，也是表面纹理的错觉。从本质上讲，纹理对于纺织品设计的各个领域都极为重要，应该在研究阶段通过草图、纺织材料和工艺进行充分探索。

表面和纹理技术

表面和纹理技术的速写探索包括：

拼贴。使用一系列不同类型的材料，通过拼贴来创造图像和图案，可以研究出具有触觉特性的表面。例如，您可以在表面上缝纫，或者用锋利的工具划破表面。

纹理是两种感觉结合的表达：视觉和触觉。

——娜尼·马尔齐纳（Nani Marquina）

图67　学生作品，在设计中使用一系列的工艺，包括激光切割、缝合、印刷和植绒，以此创造丰富的纹理"拼贴"表面。

以下是一些用于材料探索的表面和纹理技术：

压印或压花

这是在表面上施加力量或压力，创造一个凸起的图像、图案或装饰元素。通常，施加的力可以用来创造表面的厚度差异。

印花

印花技术是创造有趣表面的同义词。从通过摄影产生的数字图像到使用手工模板、海绵和人工印花的低水平技术，可以改造基础材料。

丝网印花

丝网印花可以成为探索色彩和形状如何影响面料表面的一种有趣方式。将色彩和形状叠加在面料表面可以创造出意想不到的细节。

数字印花

这种工艺开辟了许多可能性，因为它允许在布料表面应用更广泛的标记。将数字印花与其他工艺相结合，可以创造出新颖的织物。

图68　速写本内页展示了学生如何使用技术在面料上产生浮雕效果。此学生使用了弹性织物和乙烯基转印，使织物"跳入眼中"。

图69　面料上的数字印花在可以实现的标记和色彩的范围方面有更大的灵活性。纺织数字印花机类似于大型纸张打印机，但含有用于面料的染料。数字印花的设计必须在计算机上完成，以便进行印花。

烧花

这是使用化学黏合剂燃烧部分面料表面的工艺。这是一种非常有效的工艺，因为它可以很清晰地被印在面料表面上，然后通过"烘烤"促进"燃烧反应"。但这种工艺只有在合成纤维和天然纤维混纺面料上才能成功。

缝制和混合媒介

有大量的缝制工艺可以用来在织物上创造表面细节。手工刺绣和机器刺绣是每个文化和时代的纺织品代名词。缝制可单独使用，也可与其他工艺结合使用，以增强面料的表面效果。混合媒介包括可以建立或切割表面以提供纹理和图案的工艺。

研究缝制技术

机器缝制可以完善您的原画的痕迹。如果您没有缝纫机，可以试着用针手工缝制。试着拉动缝线，在您的绘画中创造出聚集的或褶皱的纹理区域。

图70   此学生的作品显示了不同表面如何给纺织品带来意义和故事。这幅作品用缝线来描绘那些因失去父母而成为悲痛受害者的孩子们。对儿童的描绘通过缝合的线条传达出一种辛酸的情感。

练习——标记制作

标记制作是一种可以用来在纸张上创造不同类型表面的方法。这些技术是研究表面图案的一个不错的起点。使用简单的绘图工具，通常使用容易找到的物品，如羽毛、树枝或海绵等，可以轻松快速地创造大量的表面。

在一张大的A2纸上，画出三排100mm×100mm的正方形，每个正方形之间留出空间。只使用黑白两色，在每个方格中用一系列材料创造不同的表面图案。材料可以包括各种家用物品，如海绵、牙刷、钢丝刷和甜品刀。还可以从大自然中寻找，如树枝、羽毛、冷杉球果和贝壳等。使用黑色墨水，尝试创造尽可能多的不同表面图案。实验印刷、斑点、绘画、轻弹、冲压、遮盖和喷涂等工艺。试着用留白液和胶带来封闭这些区域。使用防腐蚀材料，如蜡和蜡笔。每个不需要太费劲，只花几分钟就行。在练习结束时，您会得到一张有各种表面图案的表格。将这张表格用作您的绘画材料的一部分，并将其作为创造不同表面的参考保存下来。在每个表格旁边写注释，记录使用的工具和材料。

什么是图案？

图案广泛应用于纺织品设计中，从表面印花到通过机织和针织织物的结构创造图案。图案是最常用的美学方式，如为了吸引感官，为了变得美丽、迷人、柔软、舒适、不同凡响或充满梦幻。

我们大多数人把图案看作是形状、线条、符号、色调和颜色的集合。作为一名纺织品设计师，您在最初的研究阶段如何观察和分析图案，对于如何将图案开发成纺织品设计来说是根本。图案很少用于单独观察，它可以通过本书确定的其他关键主题的视角来定义、记录和分析，即色彩、表面、结构和纹理。因此，在整个研究过程中，寻找色彩的图案、结构的图案以及表面和纹理中的图案。

为了制作图案并成为图案制作者，您必须首先在环境中辨别出你周围的图案。理解和使用图案是成为纺织品设计师的重要元素，因为您，即图案的制作者和设计者，赋予了图案价值。为了充分理解图案的使用，我们将探索周围和在纺织品中发现的不同类型的图案。这将使我们了解如何在设计中找到图案并使用它。

在视觉形式上，我们可以感受到大自然的馈赠。在她的作品中，有螺旋状、蜿蜒状、分枝状图案和120°节点……大自然就像一个制作人，每晚都带着同样的演员，穿着不同的衣服扮演着不同的角色。

——彼得·史蒂文斯（Peter Stevens）

图71　学生作品示例，展示了对图案的调查。学生尝试色彩组合、形状、装饰图案和装饰图案的方向，看看它们如何发挥作用。这是一个有趣的实验。

图案来源于自然，设计师通常将自然作为灵感来源——动物学家达西·汤普森（D'Arcy Thompson）和建筑师彼得·汤普森（Peter Thompson）解释说，大自然连续使用相同的五种图案结构：分支、蜿蜒、气泡、爆炸和螺旋。

分支　思考一下您身体里的动脉是如何生长和扩张的，或者树木是如何从根部生长到外部分支的。在纺织品设计中，经常可以看到分支图案，植根图案散布在面料表面或构成整体。

> 一个没有优秀图案的时代是一个没有仔细观察自然的时代。
>
> ——柳宗悦（Soetsu Yanagi）

图72　《草莓盗贼》，作者威廉·莫里斯（William Morris，1834—1896）。威廉·莫里斯以从大自然中获得视觉灵感而闻名。莫里斯用自然界的成分配制天然染料，他用这些染料印染面料和纺织用的纱线。他恢复了植物靛蓝染料的工业利用，并广泛地在自己的作品中使用这种染料。《草莓盗贼》展示了莫里斯从大自然中创造图案的技巧。

　　蜿蜒　蜿蜒是一种迂回的线条，就像弯曲的长河。它可以是平滑的、光亮的、单一的，也可以用很多线条组合在一起，呈现出一种运动的感觉。如果把它拉直，我们就得到条纹。重复条纹是最简单和最常见的重复结构之一，特别是对于针织和机织纺织品来说。条纹的灵感随处可见，从挂在衣架上的衣服到水中风景的倒影。

　　无论我们走到哪里，都被条纹结构所包围。虽然本质上这是一种简单的设计，但要在条纹比例、色彩对比度和表面纹理之间取得恰当的平衡，需要刻苦钻研。时装公司米索尼多年来以条纹图案为基础建立了自己的品牌，条纹图案可以转化为针织服装、配饰和室内装饰。

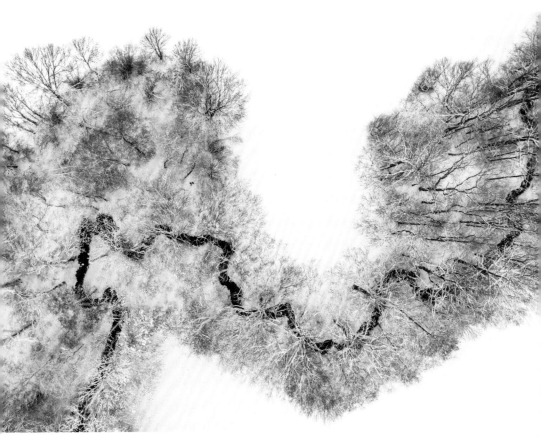

图73　蜿蜒是一种常见的自然现象，如其普遍存在于花球茎的内部、人类的大脑和流动的河流。不难看出，生物生长的制约因素如何导致它们自我缠绕并"蜿蜒"。

气泡 思考一下玉米棒子上的玉米粒是如何并排粘在一起的，或者浴缸里的肥皂泡是如何粘在一起并不断增加的。气泡的构造既有纹理也有图案。

图74 肥皂泡描述了将气泡形成与自然形态联系起来的重复图案构造。

爆炸 想象一下，当一滴水落在桌子上时，它即将从中心爆炸。爆炸图案在纺织品中也很常见，经常被认为是简单的点状图案或贯穿整个设计的自由浮动形式。

图75 蒲公英的顶部结构展示了"爆炸"图案的效果——本章讨论的五个图案结构之一。爆炸图案是指纺织品设计中使用的点状图案和浮动图案。

螺旋 螺旋是最突出的文化符号之一，几乎在每种文化中都反映出不同的含义。例如，在凯尔特文化中螺旋代表永恒。螺旋在很多自然现象中也很常见，如贝壳、松果和蕨类植物的叶子。它们因其流动性和曲线特性而被广泛应用在纺织品中。

当您仔细观察人造环境时，您将开始认识到这五种图案结构是如何应用于我们设计的许多结构和表面上的，从建筑到纺织品和图案。

图76a 螺旋常见于贝壳，当到达壳的边缘时，它的图案和结构就向外打开。仔细观察自然界的这些构造，从贝壳到展开的蕨类植物，没有两种是相同的。

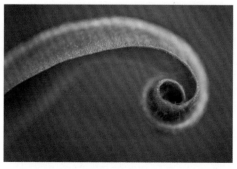

图76b 螺旋芦荟类植物，图片完美诠释了芦荟的生长模式。

> 如果图案有什么秘密成分的话，那么它就存在于图案制作者运用的一些视觉策略技巧中……即重复和变化的原则。
>
> ——威廉·贾斯泰玛（William Justema）

装饰图案　我们把图案理解为相似形式有规律地重现：如条纹（蜻蜓）或气泡形成。然而，这些图案结构需要一种装饰性的形式，这种形式被称为"装饰图案"。它们在纺织品设计中出现的形式被称为"重复"。

对设计师来说，确定一个可以用于重复的图形是一个基本任务。在一个图案中，我们可以确定一个或一组图案，然后用这种方式将它们排列成图案结构，从而形成设计的基础。我们可以将这些图形当作图案设计的中心元素来参考。

在收集视觉信息时，找到重复的中心元素或图形往往是有帮助的。通常在自然界中，你会发现图案有一个中心形式或形状，且在颜色、质地、结构等方面都有不同程度的变化。

练习——图案生成

我们讨论了图案的重要性和构成图案的一些关键元素。在这个练习中，您需要把自己想象成图案搜索者，识别不同类型的图案结构并找到装饰的形式或图案。思考您可以在自然结构中组织图案的方法。这可以包括看书架上的书籍、屋顶上的瓦片或人行道图案。尝试找一找不那么明显、有重复元素的图案。一旦您找到了图案结构，就可以通过绘图或用相机捕捉它们。再次，把自己想象成一个视觉侦探，尝试通过观察图案的颜色、结构、表面和纹理来收集尽可能多的信息。

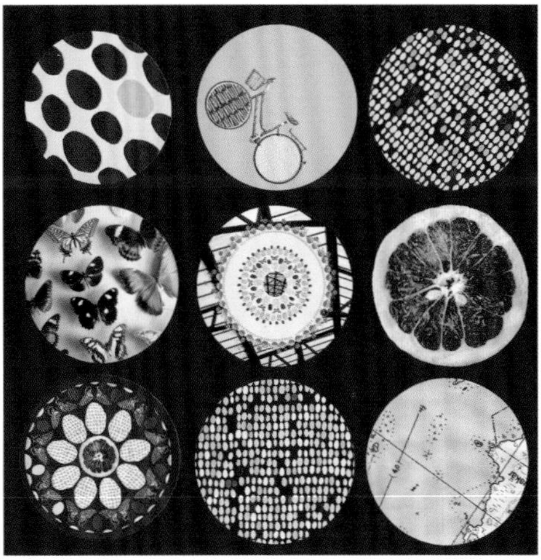

图77　学生的丝巾设计，展示了他们如何在构图中创造出不同的图形，从而带来重复变化。这种组合使重复的结构看起来妙趣横生。

重复

　　如前所述，花样是通过重复一个或多个图案而产生的。重复图案的使用在纺织品设计的所有领域都可以看到，从墙面装饰、家具布饰到时装T台。重复图案广泛应用于纺织行业。作为一个设计师，对重复图案的理解在纺织品设计和制造等各方面都是必不可少的。

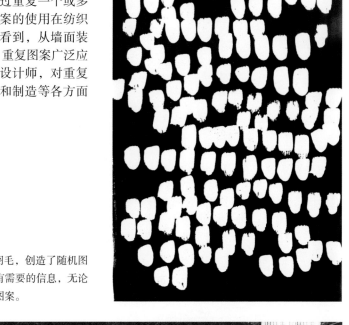

图78a　学生仔细观察鸟类的羽毛，创造了随机图案。合理的观察可以带给您所有需要的信息，无论是色彩、纹理、表面图形还是图案。

图78b　学生用"砖块"的结构在织物表面上创作图形。虽然这种结构相当正式，但学生通过"翻转"主要图案来创造变化，打破了正式的形式。

图78c　学生把他们的图形排列成没有明显顺序的抽象作品。它展示了"爆炸式"排列概念如何能够很好地发挥作用，同时"随机性"也能引起观众的兴趣。

伪装性图案

　　伪装性图案或**迷彩**图案最初用于军队服装，但现在已广泛应用于时尚服装。伪装图案（称为DPM）的灵感往往来源于自然界，现在越来越多地被设计师用作文化参考。

> 没有规则，只有工具。
>
> ——格伦·维尔普（Glenn Vilppu）

图79　学生速写本页面展示了正在研究的伪装图案，使用高对比度的黑白色来达到最大的视觉效果。

什么是结构？

面料内部的结构有许多不同的形式。一些是柔软的，另一些是坚硬的；我们周围有实用性、功能性，以及高度装饰性结构。对于机织和针织纺织品来说，您可能会考虑结构的实际3D构造方面，以及如何将其与您的纺织技术相关联。机织和针织纺织品是结构化的织物方法，这些方法通过大量的技术工艺创造出来以实现结构和图案。在针织和机织纺织品中，有许多结构技术，您可以查阅专业书籍或网站。

> 关于结构，它是一个试图从绘画和三维空间中提取图像的挑战。
>
> ——奥拉·威尔明（Aura Wilming）

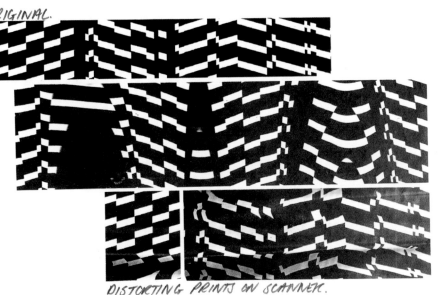

观察和分析结构

建筑 建筑提供了坚硬的、静态的结构，可以作为绘画的灵感来源。现代建筑往往由最先进的材料组成，在这些材料中，玻璃和混凝土通常是最主要的原料。古典建筑的装饰性更强，其中石雕图案、木门和锻铁装饰提供了不同的感官刺激。在每个城市中心，我们都能看到一系列的建筑实例。在研究建筑时，重要的是要记住考虑正在建造的建筑——即使是脚手架和暴露的内部也可以提供额外的结构来源。

混乱结构 我们周围的许多结构是没有经过设计和组合的。然而，它们确实提供了令人兴奋的、混搭结构的案例。洗碗池里堆积如山的盘子、杂货店、废品堆积场和自行车修理店等，您可以从中找到更多随机类型的绘画结构。

图80 学生使用混合媒介绘画。这张图展示了学生如何捕捉在建大楼的结构，为她提供了进一步研究所需的信息。

图81　发现瓶盖被钉在墙上。生锈和风化的颜色增加了视觉吸引力。

纹理和结构　不同材质之间的变化和不一致可以创造出不同的纹理。例如，通过使用不同宽度和厚度的材料和线条，可以从单色图中创造出物理差异，没有必要使用色彩。人造织物，特别是机织物，在选择不同重量、厚度和纤维、纱线种类时，都依赖于这类技术。

在下一章中，我们将从创意和理论的视角来探讨色彩，特别是色彩在纺织品设计中的重要性。

给我做一件看起来像毒药的布料。

——三宅一生（Issey Miyake）

图82　学生速写本内页，探索了一些纹理之间的联系。学生能够分析不同的纹理表面，并同时处理不同的纹理，将结构、色彩和图案等其他元素融合到绘图中。

焦点人物露西恩·戴（Lucienne Day）

露西恩是英国最著名的纺织品设计师之一，以其反映20世纪50年代精神的抽象现代主义设计而闻名。

1917年，她出生于英国萨里，而后就读于克罗伊登艺术学院，在那里她发现了自己对纺织品和包豪斯哲学的热爱。这种哲学主张艺术家和设计师应该为一个共同的目标而合作：通过大规模制造生产出人人用得起的好设计。受为大多数人创造好的、能用得起的设计的愿望驱使，为实现这一伟大愿景，她开始把她的印花设计放在制造商的经销店。

作为20世纪40年代的新兴设计师，露西恩同时也是一名出色的女性企业家。这在一个女性被期望管理家庭和育儿的时代是非同寻常的。露西恩得到了她的设计师丈夫罗宾·戴的支持，他鼓励妻子提升自己和作品。他把自己的作品带到公司讨论销售和交易，在职业生涯的早期阶段，她意识到如果失去对设计的控制，仅仅把设计转化为生产，结果会令人沮丧。这促使她以不同的方式对待制造商。她会在平等的条件下与公司见面，并希望自己作为设计师的工作能获得赞扬。到了20世纪40年代末，露西恩以其现代纺织品奠定了自己作为设计师的地位，她的现代纺织品具有极简主义的斯堪的纳维亚设计风格和清新明快的色彩。

图83　露西恩·戴的自然灵感再现印花——蓝色的"花萼"和"蒲公英时钟"。

图84 露西恩·戴的"花萼"芥末色复制印花产品特写。

　　露西恩对植物和花卉充满热情，并以她对花园的热爱作为灵感来源而闻名。她经常把自家的花园和她参观过的其他花园作为面料"图形"的灵感来源，她将这些图形编成重复的形式，用于纺织品设计印花。她经常在作品中使用非常简单的重复结构，如网格结构、半滴水、条纹和砖块构造，正是她对图形的绘制和标记质量，以及色彩的平衡，使设计变得生动。1951年她为英国艺术节设计的"花萼"可能是其最具代表性的作品。作品的设计通过一系列的形状和纹理描绘抽象的花朵，朵朵不同。细长茎提供垂直和对角线，将形状连接在一起。呈现出一个乐观开放的杯形阵列，似乎绽放在设计的表面。

　　20世纪40年代末，随着科学技术的进步，出现了一种新的观察自然现象的方法，为艺术家和设计师提供了前所未有的视觉材料。在整个20世纪50年代，晶体结构和细胞的几何构造成为艺术家和设计师丰富的信息来源。这种着眼于未来的方法将科学和设计结合在一起，在英国和美国推动了20世纪50年代的"外观"，并被广泛用于家居用品，包括纺织品、家具和陶瓷等。露西恩鼓舞了其他人，她的作品至今依然如此。

须藤玲子（Reiko Sudo）

图85   须藤玲子在自己的工作室。田村康介（Kosuke Tamura）摄。

须藤玲子是东京努诺公司的共同创始人和设计总监，该公司被认为是世界上最具创新性的纺织公司之一。努诺从日本传统纺织品中汲取灵感，探索其独特的遗产、工艺、材料和美学，运用前沿技术创造当代设计。须藤和她技术娴熟的纺织工匠团队，走在设计和制造的前沿，他们实验了大量的材料：从丝绸、棉花和聚酯纤维到纸张和金属，并探索包括盐缩、锈蚀染色和烧花技术等非传统工艺。她所创造的纺织品在视觉上令人惊叹、独具一格。如今，努诺公司的许多纺织品被众多艺术馆永久收藏，包括纽约现代艺术博物馆、伦敦维多利亚和艾尔伯特博物馆及东京国家现代工艺博物馆。还有一系列由该公司设计的图书，即努诺努诺系列图书（Nuno Nuno Book series）。

您的研究想法从何而来？

我在日常生活中遇到的事物为我直觉地发现的美学形式提供了线索。

您如何开始您的研究？

从根本上说，这一切都源于认真的生活，在我们的生活中寻找乐趣和安逸，从而使工作变得愉快，这便是最好的开始。在研究中，我通常从与给定主题相关的书籍入手。我去图书馆和书店查资料，或联系这个领域的专家。我几乎从不上网搜索。

为什么研究对您的工作很重要？

材料对纺织品设计极为重要。未知的材料让我思考可能的应用，这带来了新的设计。

请谈谈您的设计过程，您是如何产生想法的？

大多数情况下，想法是在工作中与技术人员和工匠反复交流的过程中产生的。

请谈谈您的工作经历？

我们生产的纺织品是集体努力的结果，因此在我们自己的设计团队内部，以及与外部技术人员共同研究想法是至关重要的。最近，我们与日本建筑师和室内设计师进行了多次合作，但我也为日本各地的丝绸生产中心提供设计建议，并在一定程度上为日本和海外的服装和配饰制造商提供建议。

请谈谈对您影响最大的人或事？

我高中时的老师，一对从事东洋画和印染的夫妻。我亲眼看见他们的生活方式，非常欣赏他们对日常创造力的重视。

您觉得迄今为止最大的成就是什么？

当我全身心投入到我正在做的事情中，并且活在当下时，就是我觉得充满成就感的时候。另外，当我们在博物馆和美术馆做纺织装置时，我总是感到很满足。

您对那些想从事纺织品设计的人有什么建议吗？

从近在咫尺的东西开始，找到您喜欢的东西——任何东西，然后把注意力集中在是什么让它如此特别，以及您如何才能把这种特质展现出来。

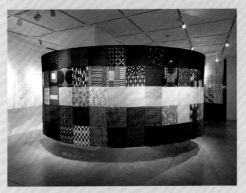

图86a　"您努诺吗？我们热爱纺织品30年！"努诺公司三十年来大量实验性纺织品工作回顾展的一个细节。

图86b　由须藤玲子设计的《羽毛飞车》使用了家禽养殖场的废弃材料，其中加入了鸭子、野鸡和珍珠鸡的羽毛。这种手工制作的创新面料将羽毛夹在两层机织丝绸之间。

图86c　《细枝收集》是须藤玲子使用回收材料创作的一个例子，设计中采用了日本传统的缝制方法"Tsugihagi拼贴"，将努诺面料的碎片融入其中。

聚焦日本纺织品

> 在努诺，纺织品是我们的语言、我们的灵感、我们的追求。纺织品讲述着我们的故事。
>
> 当我们创造我们的纺织品时，自然、传统与技术交织在一起。
>
> 当我们看到我们的纺织品时，我们可以瞥见未来的某一瞬间。
>
> 当我们触摸我们的纺织品时，它们仿佛在呼吸，让我们感到放松。
>
> 当我们聆听纺织品的语言时，传达的信息是美好的。
>
> ——努诺公司创始人须藤玲子（Reiko Sudo）

当代日本工艺，包括具有前瞻性的纺织公司努诺（参考须藤玲子的访谈）所创造的纺织品，都从日本技艺高超工匠的丰富文化遗产中获得灵感，他们的工艺技能代代相传。正如须藤玲子所描述的，他们的纺织品既表达了他们的历史，又表达了他们与自然环境的关系，这些仍然是日本当代纺织品不可或缺的一部分。毫无疑问，日本在世界上最出名、最广为人知的是丝绸和服，它的纺织图案是日本纺织品及其文化的标志性象征。和服一直以来都具有很高的文化价值，在历史上，和服总是与财富和贵族联系在一起，是个人地位和身份的外在表现。

和服——和服可以追溯到江户时代（1615—1868年），当时的T型服装是日本最富裕阶层个

图87a　源自18世纪的一件装饰精致的丝绸和服，上面绣有日本神话中的凤凰。凤凰被称为"凤鸟"，是日本贵族的象征。在江户时代，像这样的和服是皇室财富和权力的表现，对图案设计和刺绣技术要求极高。

人财富的体现。和服采用诸如绉丝和金属线等奢华材料，其纺织品运用了一些广泛的纺织技术，如扎染和浮雕印花，以及精细的手工刺绣。直到19世纪末期，"和服"一词才被采用，通过纺织工业化的发展，新丝绸技术使和服得到更广泛的传播。受西方新艺术主义和装饰艺术运动的启发，提花织造和化学染色带来的可能性不仅使和服纺织图案的复杂性得到迅速发展，而且也使和服在欧洲得到普及。这些充满活力的和服风格至今仍在国际上流行，是象征日本生活方式的标志性时尚宣言。

日本的纺织品历史还包括远比和服更广泛的纺织品、技术和面料。在工业化之前，只有富人才能买得起手工制作的丝绸服装。大多数普通人穿的是棉麻织物，他们通常用回收的材料手工制作一些实用性的纺织品来装饰家里。日本国内发展了许多专门的纺织染色和缝纫技术，在当代的纺织品系列中得到了更广泛的应用。

这些技术包括：

靛蓝染色——我们今天非常熟悉靛蓝，特别是在牛仔布行业。靛蓝染色是日本流行的、广泛使用的染色方法，可以追溯到15世纪。人们发明了从靛蓝植物中提取染料并将深蓝色染料固定在棉布上的工艺，因此，通过磨损和洗涤，褪色过程就产生了大量不同的靛蓝色调。靛蓝纺织品的使用对日本周围的海洋有着特殊意义，这在文化和经济上都很重要，靛蓝染料也被认为是一种天然的驱虫和驱蛇剂。由于这些特性，它受到农业工人的青睐。

Boro——意为"碎布"，是一种回收的靛蓝染色棉织物（包括衣服和床上用品），使用刺子绣缝制（一种装饰性的耐磨缝合技术）创造美观的新拼接织物，作为延长其正常生命周期的一种方式。这种"勤俭节约（修补后重新使用）"的修复过程如今作为设计师的工具非常流行，在许多当代纺织设计师的作品中也可以看到，他们关注的是用二手或旧材料制作新纺织品的新方法。

图87b　一位技术高超的日本靛蓝染料工匠在染色过程中检查织物

Boro纺织品提醒人们，第二次世界大战后日本在全球的地位下降，文化价值丧失。然而，今天Boro纺织品作为其历史和文化的象征，受到日本和国际市场高度重视。

　　Shibori——最古老的靛蓝染色技术之一，可追溯到江户时期（1615—1868年），当时最常使用的是靛蓝染棉纺织品。这是一种通过用丝线或棉线固定小块布来隔离染色区域的染色法，类似于扎染。布料可以通过多种方式进行操作，比如缝合、揉皱和扭转，日语shibori的字面意思是在浸入染料之前"拧、挤或压"。当代的日本设计师，如山本耀司和须藤玲子继续使用这种古老的日本染色方法进行创新。

图87c　Boro棉纺织品展览，展示了19世纪和20世纪初日本工人穿的拼接实用服装和睡袍。这些罕见的服装现在作为收藏家的藏品而备受追捧，因为它们浓缩了日本的一段历史。

图87d　斯特拉·麦卡特尼（Stella McCartney）2019年春夏女装系列展示了靛蓝染色和shibori等传统日本工艺对当代纺织品和时装设计师的持续影响。

案例分析

华莱士和苏厄尔（Wallace and Sewell）

设计二人组华莱士和苏厄尔的标志性设计作品完美地抓住了我们在本章详细讨论的五个关键领域，即表面、纹理、图案、结构和色彩。对这些基本元素的使用有助于他们形成个人独特的纺织品设计方法，正如从他们在本案例研究中的作品中所看到的那样。

英国纺织品设计工作室华莱士·塞威尔（Wallace Sewell）的哈丽特·华莱士·琼斯（Harriet Wallace-Jones）和艾玛·塞威尔（Emma Sewell）将工艺与制造结合起来——设计过程从手工编织样品和绘画开始，然后在英格兰北部制造；将传统与最先进的技术融合在一起。她们的设计以令人耳目一新的、非同寻常的色调和大胆的构图和复杂的编织结构而闻名。

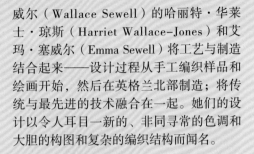

图88　厄尔诺（Erno）羊羔毛被套。通过经线和纬线的相互作用来探索构图和色彩。

图89a和图89b　伦敦地铁座椅套的羊毛丝绒割绒织物。灵感来自俄罗斯的建构主义纺织品，在一个小的图案中重复融入了四个伦敦地标。

除了每年推出新的围巾系列和展览外，她们还是国际品牌的客座设计师，定期为伦敦泰特美术馆等大型美术馆的重要展览定制围巾。她们还为伦敦交通局提供了很多设计，包括地下交通、地上交通和Crossrail系统。

图90a和图90b　以"交通枢纽"为主题的羊羔毛围巾，面向日本市场。通过图案和颜色抽象地解读艾玛的绘画。

图91a和图91b　以"城市"为主题的羊羔毛围巾，面向日本市场。

图92 以"节日"为主题的细羊毛围巾，以对比鲜明的机织结构用细羊毛和马海毛圈圈纱机织而成。

图93a和图93b 维格莫尔（Wigmore）真丝围巾，用纯丝织成，通过经纬线的交织创造出大胆的构图。

图94 艾玛和哈丽特在工厂与织物的合影。身旁的成品织物准备被切割成羊羔毛被套。

第 **4** 章

色彩

色彩在纺织品设计中的重要性

色彩是纺织品设计中最重要的设计元素之一，学习如何有效地运用色彩是设计师的一项基本技能。色彩可以是非常主观的，可以源自大量不同的起始点，在这些起始点您可以根据自己的视觉来源研究自己的调色板。当我们观察和分析色彩时，需要找到正确的方法来捕捉特定类型的颜色、对比度、明度和比例。设计师通常会提供特定的调色板，以反映客户的色彩故事或季节。在室内设计项目中，色彩的使用可能是由建筑师或现有的色彩方案预先确定的。您的纺织品系列的内容也将是您如何处理颜色的主要因素。

图95 印度教胡里节（又称"色彩节"）的五颜六色的古拉尔（彩色粉末）。印度教徒通过在彼此身上涂抹大量彩虹色的粉末来庆祝春天的降临。

图96 色彩的来源在我们周围随处可见。材料的表面和光线的反射会影响颜色的质量。从简单的气球图像，我们可以看到光和阴影制造无数不同的色彩和阴影。

什么是色彩？

从科学的角度来看，颜色就是纯粹的光，是由我们在光线折射时看到的颜色组成，比如彩虹或棱镜。我们能够看到、比较和感知各种各样的颜色并以不同的方式对它们作出反应。色彩背后的科学理论本身就是一门广泛的学科，色彩的逻辑在其色相、饱和度、明度和暗度方面，可以通过预先安排的序列和系统来理解，在本章中，我们将讨论它对纺织品设计的重要性。

色彩的理论

色彩理论是一套规则和定义，用来理解色彩是如何形成并相互作用的。颜色分为红色、黄色和蓝色三种主要原色（一级颜色），以及橙色、绿色和紫色三种次要间色（二级颜色）。然后将这些颜色进一步细分为复色（三级颜色），复色是上面这些颜色按一定顺序混合而成的。这些颜色创造了一个色相环，我们可以用来探索颜色关系。色相环可以分为暖色和冷色：暖色是生机勃勃、充满活力的，而冷色则是冷静和舒缓的。白色、黑色和灰色被认为是中性的。

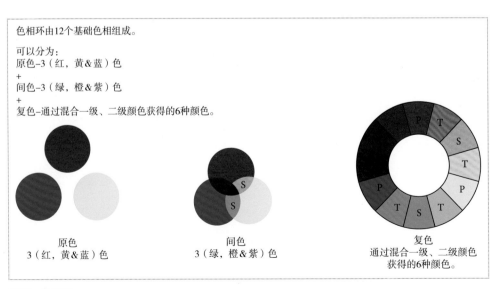

色相环由12个基础色相组成。

可以分为：
原色–3（红，黄＆蓝）色
+
间色–3（绿，橙＆紫）色
+
复色–通过混合一级、二级颜色获得的6种颜色。

原色
3（红，黄＆蓝）色

间色
3（绿，橙＆紫）色

复色
通过混合一级、二级颜色
获得的6种颜色。

图97 色相环。

在图像计算机软件中可以看到，色相环是可以制作混合色彩的有效工具。

除了了解基本的颜色模型，重要的是纺织设计师要记住，屏幕上看到的颜色和织物颜色存在色差。

色彩的定义

颜色的变化可以由一组定义来解释。

色相

色相意味着色彩。当一种颜色处于最浓的状态，没有被黑或白稀释，它就是最纯正的颜色。色相环包含纯色——没有添加白色、灰色或黑色。当与另一种同样强度的颜色混合时，它的状态仍然是最强的。

饱和度

饱和度是指颜色的鲜艳度。高度饱和的颜色不含白色，由纯色组成。

浓度

另一个用来描述一种颜色的饱和度或强度的词。

单色

当只使用一种颜色时，我们称这种作品为单色作品。单色是使用单一的颜色，利用其中所有可用的色调。

明度

明度是指颜色的明暗程度，从光源的亮白色到灰色到最深的黑色。我们如何感知色调也取决于它的实际表面和质地。色值和色度也被用来描述明度。

亮度

亮度是指颜色的深浅。通常是苍白的，含有大量的白色。

调色板

调色板是在设计过程中从色谱中选出的一组颜色。

看吧！谁说只有颜色？还有色度！

——戴安娜·弗里兰（Diana Vreeland）

纯色
（Pure hue）

亮色（Tints）
在原色添加白色后的
色彩效果

暗色（Shades）
在原色添加黑色后的
色彩效果

灰色（Tones）
在原色添加灰色后的
色彩效果

图98　色相、亮色、暗色、灰色。

这四个基本参数——色相、亮色、暗色、灰色——使我们能够重新创造多种不同的颜色。我们在这里把能做出的颜色组成了色谱，色谱中的调色板范围将取决于预期的结果。选择调色板时，最好在亮色、暗色和灰色范围内选择距离彼此最近的颜色开始。

色彩的预测

色彩预测师需要分析广泛的历史数据和新兴的发展趋势，包括政治、文化、时尚和环境信息等，试图预测色彩的未来趋势，通常需要提前两年做准备。他们的工作往往是直观的，作为潮流先锋，了解颜色和调色板是很重要的。他们的见解受到各种行业的高度关注，不仅在时尚和纺织品领域，而且在产品、汽车和平面行业也是如此。有许多网站和参考杂志，如WGSN和Trend Tablet，为客户提供最新的趋势信息。其中有些信息可在线免费获得，但大多数情况下需要消费者支付会员费。

图99　学生的速写本，展示与颜色分析有关的收集信息。学生会向预测公司咨询有关颜色分析的信息，特别是如果他们打算在毕业后从事纺织品行业。

关键是环顾四周，了解设计行业（以及整个社会，从政治到科技，到社会动荡，再到科技疗毒和回归自然）正在发生什么，以便了解这些事情如何影响人们对色彩的态度。

——简·莫宁顿·博迪（Jane Monnington Boddy），WGSN色彩总监

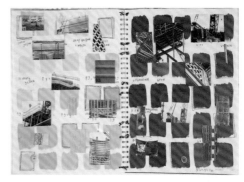

图100a　学生的速写本页面展示了以摄影为灵感来源的色彩分析。学生正在调色以探索红色和黄色的组合。

观察和分析色彩

分析色彩必须要成为您最关心的问题之一。正如前面所讨论的，我们用肉眼可以看到成千上万种不同的颜色，而我们作为纺织品设计师的工作就是要反映出这一巨大的、可供我们使用的色彩范围。潘通色卡或蜡笔、水粉颜料的颜色是通用颜色。每个人都可以获得这种特定的颜料或色相。您的工作是用一种创造性的方式来反映您眼睛看到的颜色。

颜料应始终混合调色，除非有理由直接使用颜料管里的颜料。制作自己的调色板可能需要一些时间，但会创造出只有您能复制的自己的定制颜色范围。花点时间来做这件事，同时不断观察和分析您面前的颜色。

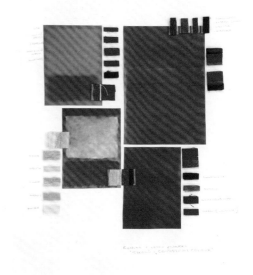

图100b　学生的速写本页面，内容涉及了对马克·罗斯科（Mark Rothko）绘画作品的背景调研。学生以此为起点，尝试用纱线包裹来实现色彩和质感的结合。这有助于他们了解面料的外观，以便制作样品。

调色板和色彩系统

在创造调色板时，有许多色彩系统可供参考；然而，最重要的是，当您使用这些元素的时候，要时刻记得审视这个特定的色彩组合的转化是否与您自己的视觉语言、设计考虑相冲突，而这些元素必须始终保持平衡。

与图案、结构、纹理和表面一样，我们很少完全孤立地看待某一元素。观察和分析色彩时，需要考虑它与其他元素的关系，这些元素会对色彩的强度、纯度和质量产生影响。纹理在表面会产生不同密度的色彩，而图案则会呈现颜色的重复和变化。表面可以通过反射光改变色彩；结构又可以通过创造不同的视角来改变色彩，这将影响色彩的质量。如果您想使自己对纺织品的研究具有高度的视觉性和创造性，就必须考虑这些因素。

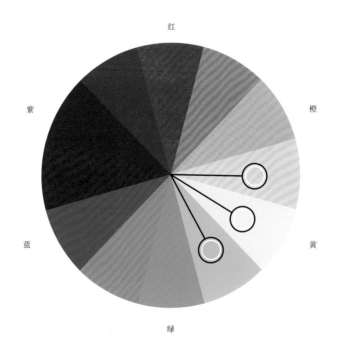

图101 邻近色调色板——邻近色在色相环上彼此相邻，互补的过渡很小；这产生了微妙的结果，提供了和谐与平衡。

练习——色彩1

从一幅选定的画或照片中取一小块区域（50mm×50mm），在该区域上填充色相环上彼此相邻的两种色彩。

试着分析和观察这些颜色，通过混合颜料创造调色板，让一种颜色渐渐过渡到另一种颜色。

做一个从一个颜色过渡到另一个颜色的十色调色板。您可能会发现用条纹比用方块更有助于看到颜色之间的微妙过渡。

单色调色板专注于单一色相，使用相互呼应的亮色、暗色或灰色。单色调色板在开始理解如何处理颜色时非常有用；您只能使用一个调色板，可以慢慢改变添加到您选择的色相中的黑色和白色的量，以创造一种强烈的效果。

图102 单色调色板。

练习——色彩2

从您研究阶段的视觉资源中，选择一种您认为能很好地反映您的背景的主要颜色。

尝试通过改变添加的黑色和白色的量，简单地创造一个互补色的单色范围。

尝试创造至少五种不同的色相。

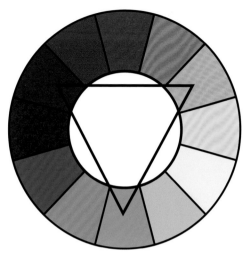

图103　三色系统。

使用对比色系

对比色和互补色的调色板——对比色被色相环上的其他颜色分隔。色相环上颜色之间的距离越大，它们的对比性越强——这些色彩被称为互补色或冲突色。它们提供了冲击力和可视性，并且可以一起使用，产生巨大的效果。

对比色的组合变化有三色系、补色分割色系和正方形与矩形色系（四色系）。

三色系——三色色彩系统使用的颜色在色相环上均匀分布。即使您使用所选色相的浅色或不饱和色版本，它们也往往充满活力。在这里创造和谐与平衡是很重要的，可以让一个颜色主导而其他颜色进行辅助。

练习——色彩3

从您研究阶段的画或照片中选择三种您觉得能很好地反映您的内容的对比色，并且与三色系原则相关。

试着让每种颜色依次成为主导色，另外两种作为辅助色。这里有个小窍门，把主色画成正方形，把辅助色画成条纹。

决定哪种组合创造最和谐的顺序，并在视觉上有效地传达您的想法和概念。

只需选择三到四种颜色，您就可以简单地把这个练习应用到所有的对比色系统中。

补色分割色系——补色分割色系与互补色系相似，是开始研究色彩的好方向，除基础色外，它还使用两种相对相邻的颜色。该系统提供了强烈的视觉对比度，但不那么刺眼。

矩形（四边形）色系——矩形色系或四边形色系使用四种颜色排列成两对互补色。这个色系提供多种颜色变化。同样，与三色系类似，如果选择一种颜色作主色，需要在设计中平衡暖色和冷色之间的关系才能达到最佳效果。

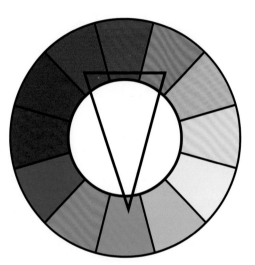

图104　补色分割色系。

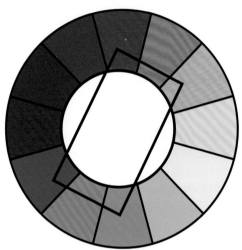

图105　矩形（四边形）色系。

正方形色系——正方形色系虽然与矩形色系相似，但使用均匀分布在色相环上的四种颜色。同样，如果选择一种颜色作主色，需要在设计中平衡暖色和冷色之间的关系才能达到最佳效果。

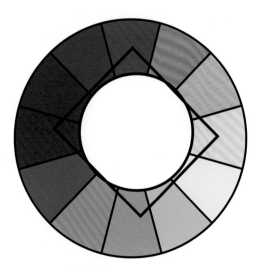

图106　正方形色系。

色彩与文化

作为人类，我们与色彩有着强烈的文化和情感联系。对颜色的诠释也因不同文化而相异，这反映出社会中现代与传统的特性及个人和群体的特性。

下面列举一些常见的颜色含义。

红色象征着激情、火焰、鲜血和欲望，与能量、战争、危险、力量和权力有关。它被广泛用于表达爱意或愤怒。它具有非常高的能见度，所以停车标志、停车灯和消防设备通常被涂成红色。红灯表示停止。在东方文化中，红色象征着幸福。

蓝色则更加矛盾。蓝色代表晴空万里和平静的大海，宁静，和平，空间。蓝色象征冷静，蓝色象征品质，蓝色还象征筹码。蓝色是地平线，是对蓝色远方的怀念和期待。蓝色是突如其来的意外或灾难。蓝色也代表发霉、寒冷和低落的情绪。

黄色代表阳光、夏天和成长。作为暖色，黄色（和红色一样）具有矛盾的象征意义。它可以意味着幸福和快乐，但也意味着懦弱和欺骗。由于黄色可见度很高，通常用于危险警告和紧急车辆。黄色也代表愉悦的心情。历史上还有妇女们佩戴象征希望的黄丝带，翘首企盼自己的丈夫能从战争中平安归来的记载。

图107　在中国春节期间使用的红灯笼，象征着新的开始，也象征着幸福和繁荣。

图108　蓝色牛仔裤摆放在一起，显示每条牛仔裤的颜色变化。

图109　黄色常作为危险警告用于标识中，可以从远处看到并识别。

黑色可以代表力量、优雅、正式、死亡、邪恶和神秘。黑色是一种神秘的颜色，与恐惧和未知（黑洞）有关。它通常有消极含义（黑名单、黑色幽默、黑死病）。黑色也代表力量和权威，它是一种非常正式、优雅和高贵的颜色。黑色营造出透视感、深度感和质感。

橙色结合了红色的活力和黄色的幸福。它与欢乐、阳光和热带相关。橙色代表着热情、魅力、快乐、创造力、决心、吸引力、成功、鼓励和刺激。炽热的颜色——橙色散发出火热的感觉。

图111　按照传统，泰国的小乘佛教僧侣穿着橙色长袍，因为它象征着光明、光辉和圣洁。由于泰国盛产藏红花，因此会选用传统的藏红花染成的布。

绿色是自然环境的颜色。它象征着成长、和谐、新鲜和富饶。绿色与生态有着强烈的情感联系。深绿色通常也与金钱有关。绿色具有强大的治愈能力。它是最能使人的眼睛感到放松的颜色，可以用来改善视力。绿色代表稳定和耐力。有时，绿色也表示缺乏经验。与红色相反，绿色表示安全，在道路交通系统中代表"前进"。

图110　黑色马丁靴是世界各地许多人的时尚标志和着装选择。它给人带来强大、经典、正式、优雅或令人生畏的感觉。

图112　在圣帕特里克节游行，绿色作为爱尔兰人身份的象征，是规定的着装颜色！

紫色结合了蓝色的稳定和红色的能量。紫色常用来代表皇室，象征着权力、高贵、奢侈和野心。它表达了财富和奢华。紫色也可以代表智慧、尊严、独立、创造力、神秘和魔力。

白色象征光明、善良、纯真和贞洁。它被认为是完美的颜色。白色代表安全、纯洁和清洁。与黑色相反，白色通常有积极的含义。在西方文化中，黑色象征死亡，而在东方文化中则是白色象征死亡。

图113　紫色常与宗教节日联系在一起。在西班牙的小城镇卡兰达，人们穿着传统的紫色服装演奏复活节鼓。

图114　这件由黎巴嫩时装设计师艾莉·萨博（Elie Saab）设计的标志性白色婚纱，至今在许多文化中仍被视为天真和纯洁的象征。

聚焦印度纺织品

文明从人类穿着兽皮到编织自己的衣服覆盖身体并建造自己的庇护演化而来，纺织品制作的传统盛行于全球所有文化。印度的纺织品是最丰富的例子之一，布料生产是这个国家的主要经济产业之一，其意义超越了功能。印度的纺织品是其经济成功、工艺传统、纺纱和染色创新实践、习俗和精神的一部分。在《印度的纺织品》一书中，罗斯玛丽·克里尔（Rosemary Crill）引用历史学家斯特拉·克拉姆里克（Stella Kramrisch）的一段话，总结了纺织品对印度文化的支撑作用：

在印度，纺织品的象征意义被传统奉为神圣。在《梨俱吠陀》和《奥义书》中，宇宙被设想为众神所穿的织物。有序的宇宙，是用其经线和纬线形成网格图案的有续织物。整体的重要性不仅体现在未经裁剪的衣服上，如纱丽或多蒂，还体现在织成整体的一块布料上，在上面画上一幅神圣的画。无论是作为身体的覆盖物还是作为绘画的背景，未裁剪的布料都是整体和完整的象征。它象征着整体的显现。

历史上，印度一直是主要的纤维生产大国，至今依旧如此。印度有丰富的原材料，包括用于天然染料的纤维和植物。早在公元前6000年，印度就开始收获并纺制棉花（一种植物纤维）。也

图115a　印度在纺织品生产方面拥有悠久的历史和传统，今天仍然是纺织品生产的领导者之一。据估计，目前印度纺织业的价值约为1080亿美元。

图115b　帕什米纳（Pashmina）是一种昂贵的羊毛料，由山羊毛制成，产自克什米尔。克什米尔手工匠人通过收集纤维、纺纱和织布，制造出全世界最好的羊毛料之一。

图115c　靛蓝染料木版印花无缝佩斯利图案。印度传统的东方民族装饰，深蓝底色。

大量生产其他主要的植物纤维，如亚麻、大麻和黄麻等，并为国家经济做出贡献，因为纤维和由它们制成的织物被用于贸易和礼品，受到各国元首的青睐。早在公元前2000年，印度就开始制造丝绸（由蚕茧制成），丝绸的质量丰富多样，这取决于不同品种的蚕蛹所生产的纤维。印度丝绸往往带有天然的米色和有纹理的"斜纹"，将其纺织成面料时会产生美丽的不规则外观。

　　印度生产的最著名的织物之一是"帕什米纳"，一种非常精细的羊毛面料，由喜马拉雅山羊毛制成。产这种羊毛的山羊生存在高海拔地区，而克什米尔的生产者很擅长从山羊毛中收集柔软的毛。从山羊身上采集的毛发在纺成面料时非常纤细轻巧，在全世界范围内备受追捧，被认为是一种制作精良的面料。

　　印度传统上专门大规模使用天然染料来为织物、刺绣和印花用的线和纱线染色，尽管如今许多用于面料染色的染料都是合成的。印度因靛蓝的品质而闻名，靛蓝是一种从不同种类的植物中提取的深蓝色染料。用于提炼靛蓝染料的植物是印度当地的。几个世纪以来，用靛蓝染色的过程一直是印度纺织品的一个关键技术。当您看到印度纺织品的历史实例时，会看到丰富的靛蓝、来自"Lac"（一种树栖小昆虫）的艳红、来自植物的豆蔻红、鲜艳的姜黄和多种植物结合产生的黑色，以及作为媒染剂的铁（用来将染料固定在纤维上的物质）。这些颜色同编织、印刷和刺绣的纺织品中结合在一起，从而制造出人类历史上一些最精美的纺织品。

访谈

简·基思（Jane Keith）

简·基思是一位苏格兰的印花纺织品设计师，以其一系列的纺织衣物、配饰和挂毯而享誉国际。她还是邓迪大学乔丹斯通艺术与设计学院纺织设计专业的老师。

图116　简在翻阅她的染色书。她混合的所有颜色都用面料小样记录下来，以建立染料配方的颜色库。

您的研究想法从何而来？

周围的风景。我的灵感来自我生活的地方，我周围是优美的风景、海景、色彩，最重要的是给我带来图案的灵感。

您如何开始您的研究？

通过绘画、观察和体验景观。色彩和质感的并置是永无止境的，我带着相机和速写本，骑着自行车到周围的村庄闲逛来寻找灵感。

为什么研究对您的工作很重要？

总体来说，整个设计过程，从构思、绘图、研究、织物取样、染料应用和印刷工艺都是我生活、工作和养家糊口的有机反应——道路、孩子、狗、乡村、色彩，一切都为我的作品及它的演变方式提供了素材。所有这些因素都包含在最终的设计作品中。

请谈谈您的设计过程，您是如何产生想法的？

风景中随处可见各种图案。我看到条纹、V形线条、点、线、抽象构图、一层层重复的标记和纹理表面。这些都是常用的参考来源，从耕地、拖拉机小道、干枯的野花和野草种子、栅栏和边界（新的和腐烂的）、起伏的庄稼山和森林。随着每个季节的变化和发展，继续为图案如何在布上分层提供永无止境的可能性。

我在整个印刷过程中，观察面料上的色彩是如何平衡的——印花工艺的类型、染料、背景色以及图案和颜色的应用顺序都非常重要，我必须事先做很多色彩测试。我通常从白色织物开始，然后逐渐分层增加颜色，这给作品增加了深度和强度。每件作品都是按照最高质量标准生产的，在设计过程的每个环节都是如此。

请谈谈您的工作经历

　　我们的世界依赖于可持续性，我努力将自然材料融入作品中。我避免使用一次性材料，因为这会影响我们有限的资源。因此，我关注面料的生产方式，并和符合道德价值和可持续理念的供应商合作。我想降低碳排放成本，并考虑最终产品对全球市场的影响。从商业角度来看，这是一个持续的挑战。我强烈地认为，自己的设计、印刷、工艺和产品应全部在英国国内完成，避免受到国外低价的原材料和制造方式的诱惑。

　　然而，我会坚持保证英国制造的承诺是有益处的，正如所有使用的布料一样，如山羊绒和亚麻布，都是在苏格兰当地的工厂手工编织的。领带是在英国制

图117　将面料平整地固定在打印台上。准备工作是关键，因为布料必须始终保持紧绷，以免在湿润和干燥的环境中有拉伸和收紧的情况出现。

造的，非常重视细节和后整理，并使用最优质的基布进行加工。这对布料接收和传递色彩及所添加图案的方式产生了巨大的影响。

请谈谈对您影响最大的人或事

　　当然是我所处的当地环境，以及它所产生的光线和颜色。苏格兰东海岸有一道美丽的阳光，我尝试在我的作品中捕捉到它。

您觉得迄今为止最大的成就是什么？

　　在我目前的作品中，我将上述的影响带入了一些新的方向。我一直在观察面料上的印花是如何与衣服的板型联系起来的，制作出简单的造型轮廓从而修饰身材。一件精美的、独特的设计应该是衣橱里的必备品——无论是在婚礼上穿，还是在沙滩上搭配拖鞋。这个新的方向也带来了新的挑战：学习如何画图案草稿，并研究出结构线条清晰的简单图案，以补充结构印花。这些裙子在板型上很简单，使用的天然面料是为了制成一件可靠的、受人喜爱的衣服，可以是正式的，也可以是休闲的。

　　我继续研究羊绒围巾的设计，制作围巾是一件有趣的事情，羊绒很容易吸收

图118　油画的研究准备侧重于颜色组合，以激发色彩与染料的混合。

颜色，每条围巾都是采用印花和手绘制作出来的独一无二的作品。我也仍然忠实于领带——商务的标志。从我1997年创立至今，JKD一直在生产丝绸领带。领带也进入了一个新的阶段——我正在调整它的形状和结构，使之更加现代化，但保留了独家品质，会让最挑剔的客户满意。领带似乎一直受到名流们的青睐，也许是因为手绘领带是独一无二的，而印花领带也是小批量生产——每次不超过12条。

总体来说，JKD正朝着令人振奋的方向发展，同时保留了其核心价值，即负责任地制造、设计高质量的纺织品，我将从周围的图案和风景中获得的快乐直接转化——我希望多年来拥有和穿着这种纺织品会是一种乐趣，因为所有这些原因。

您对那些想从事纺织品设计的人有什么建议吗？

放手去做吧！我是一个商人，同时也是一名教育工作者，我看到了学生们沉浸在学科中学习纺织设计的喜悦。这是一个非常注重实践的过程，每一个阶段都要运用绘画和标记、色彩和构图、材料和工艺。这是一个非常有创意和令人满意的职业，同时也是一项艰苦的工作！

图119　模特戴着手工印花的安哥拉羊毛围巾。

图120　手绘和丝网印花的羊毛挂毯Harlequin。

案例分析

米索尼

　　在所有人带给您黑色的地方，我们仍然给您带来色彩。

　　米索尼（MISSONI）是一家意大利时装公司，最初由奥塔维奥（Ottavio）和罗西塔（Rosita）夫妇于19世纪50年代创立，从事针织品业务。今天，该公司继续以结合工艺、专业知识和材料及最新的设计和色彩趋势而享有国际声誉。他们以多种颜色和图案的各种面料而著称，如条纹、几何纹和花卉图案，尤其是其标志性的图形风格——独特的锯齿形条纹图案。他们的针织品系列仍然是品牌的代名词，这个品牌是通过他们自己的纺织品研究开发出来的，而且受到了20世纪艺术家的启发，比如艺术家索尼娅·德鲁内（Sonia Delunay）的几何抽象作品。这家意大利公司仍然是家族企业，它在针织服装领域拥有丰富的传统、设计和技术创新。现在公司的业务范围已扩展到服装和家庭用品领域。

图121　奥塔维奥·米索尼（Ottavio Missoni）。

图122　米索尼2018/2019秋冬男装。

练习

制作色板

使用十个最能描述您最初的研究思路的物体，收集一系列与色彩、表面、图案或结构相关的有趣物体。它们可以来自各个地方，如您自己所处的环境，可以从家人和朋友那里借来，也可能来自二手商店。仔细思考您的研究对象，思考它们与构思的关系。它们的特质是什么？是否足够有趣？避免使用带有标志和文字以及黑色或白色的物体。选择的物体不超过 $10cm \times 10cm$。收集物体时，请考虑以下特质：

大或小

深色或浅色

光滑或有纹理

有光泽的或哑光的

人造的或有机的

试着让不同的物体呈现出不同的特质。在选择颜色时，如"蓝色"，考虑"蓝色"在变成您可能理解为不同的颜色之前可以有多少变化，例如：

浅蓝色

脏蓝色

干净的蓝色

海蓝

冰蓝色

皇家蓝

蓝色/绿色

蓝色/黄色

第1部分——使用选定的物体，将它们随机放置在纸上，并通过使用色块绘制来记录它们。确保记录下任何引起您注意的有趣排列。通过混合您的色彩准确记录色彩组合。

第2部分——和第1部分一样，但这次要特别注意物体之间的关系。仔细考虑您的组合，并记下您脑海中闪现的任何有"主题感"的关键词。当您摆弄物体和它们的颜色时，记录下它们的变化——当一种颜色挨着另一种颜色时，含义会发生变化吗？例如，对于探索一个主题（如运动）的想法来说，可能涉及的关键词包含节奏感、和谐，或者相反的含义，如冲突、不和谐。

所需材料：

● 工艺刀

● 剪刀

● 胶水

● 各种彩色绘画颜料

● 选择的物体

● 相机或其他记录媒体

提示：思考您的主题应该是不和谐的还是和谐的色彩。在添加细节之前，先打上色块。研究材料，不仅仅是研究它们本身，还包括多个层次，如PVA胶水、橡皮、炭笔、彩色清洁剂、彩色粉笔、水彩笔、彩色铅笔等。挑战与主题和对象有关的绘画想法。如果您用美工刀画画，然后在上面涂上一层颜色后会发生什么情况？

COMPLEMENTARY COLOUR : ANY TWO COLOURS OPPOSITE EACH OTHER IN A COLOUR WHEELE

maximum contrast + stability

Blue + orange

Red + Green

图123　学生写生本的一页，他们对日常物品进行排列和拍摄，以探索对比和互补的调色板。

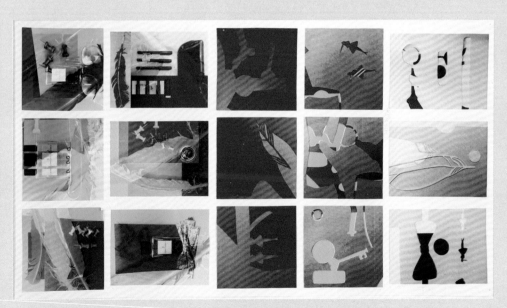

图124　学生的工作表，探讨对象和颜色之间的关系。在这里，学生们研究了一系列的艺术表达方式，通过分层和切割技术创造有趣的色彩排列，探索色调和对比。

第 **5** 章

创造纺织品
成品

　　创造或您所决定创造的是您所有的背景调研和视觉研究的终点。创造的纺织品是一个"设计成果"实物，它是在前两个阶段的基础上形成的，并通过全面性来证明构思和研究阶段的成效。在构思和研究阶段，您将产生大量的作品，现在需要对这些作品进行分析，并做出选择，以完成最终设计。创造令人兴奋的新纺织品完全依赖于前几个阶段的全面分析，所以必须记录和叙述您的过程和研究。速写本是用于此的主要工具。

　　为了进入创作阶段，您将在前两个阶段尝试各种技术、调色板等，您创作的最终作品将反映您之前所做的探索和决策。因此，最终设计应结合精湛处理的材料以及精美的工艺水平以及"符合目标"的内容。材料样品将作为一个系列被创造出来，它们结合起来相互补充。这个阶段是关于制作最终作品，并按照专业标准交流和介绍您的作品。

图125　唐娜·威尔逊（Donna Wilson）的手工编织的"好奇生物"是她品牌的标志，她还是伦敦皇家艺术学院学生的时候就创立了这个品牌。

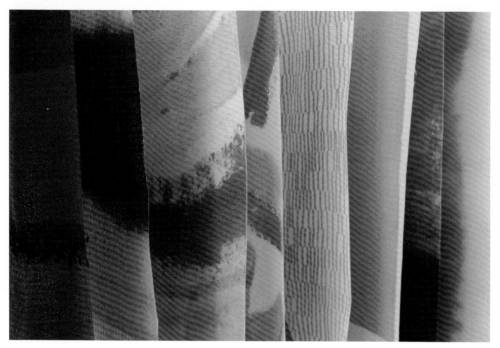

图126　此学生在羊毛面料上染色、印花、刺绣，在制作最终的纺织品设计之前，先制作了一些色彩丰富和不同纹理的样本。

重要的是，在研究过程中，您必须专注于纺织品的品质，以确保最终精心制作的作品达到高度专业标准。

工艺

在整个纺织品设计过程中，工艺是必不可少的组成部分。工艺技术通常与历史争论有关，比如工艺美术运动和工匠实践，比如使用传统技能和工艺制作的手工产品。然而，无论是通过计算机辅助设计技术还是手工制作，工艺本质上都是通过许多时间的练习并熟练掌握来完成的。这是关于如何去做一件事的深层知识，渴望完成，并以非常高的标准去完成，换句话说就是把它做好。工艺超越了传统上对制造实物的成见，因为它还可以包括作曲家、音乐家、外科医生、理发师和跑步者，并且还适用于管道工、面包师和屠夫。所有这些人都具有广泛的实践知识或专业知识领域，换言之，他们在各自领域都拥有精湛的工艺。

在纺织品设计过程中，工艺始于绘图，然后在绘图阶段进行构思。在绘图中，工艺是用于研究使用的工具、颜色、纹理和标记的知识，这些要点可以与您的视觉来源相呼应。您在这项实践工作上投入的时间越多，成就越大。从纺织品的本质上讲，工艺也通过第1章所述的纺织品专业领域而应用于材料研究。为了深入了解此领域，还必须学习和实践这些知识。

创造"合意"的纺织品

创造适合设计目的的纺织品设计作品是设计过程的重要组成部分。通过在构思和研究阶段中进行的背景调查和视觉研究，您将探索最适合用于最终作品的材料和制作过程。例如，您可能正在构思一种用于公共交通工具中的纺织品（如华莱士和塞威尔案例研究所示）；作为研究的一部分，您将发现这样的织物必须坚固耐用，才能长期使用。您也会研究颜色和图案，并意识到浅色是不合适的，因为它们需要经常清洗，等等。因此，为了在研究阶段进一步完成这项作品，您应该考虑到纱线和织物的质量并需要较少的维护。

图127 此学生的展示板展示了使用针织和刺绣工艺制作的精致样品。此学生已经"实现"了如何在CAD图像中呈现一件成衣的效果，因此对最终目的、用途做出了说明。

焦点人物安妮·阿伯斯（Anni Albers）（1899—1994）

图128　柏林"包豪斯理想之家"展览。

如果雕刻家主要处理体积，建筑师处理空间，画家处理颜色，那么纺织品设计师主要处理触觉效果。

安妮·阿伯斯被公认为20世纪最重要的、有影响力的艺术家和设计师之一。她的作品为最重要的纺织技术——编织带来了新的意义，并改变了人们今天对这种媒介在艺术、设计和建筑中的理解。

20世纪20年代，作为德国包豪斯这所革命性的艺术和工艺学校的学生，她学习了手工编织，在那里，她能够在艺术和工业制造方面开发自己的作品。作为一名创新的学生，安妮探索了通过编织可能产生的无限方格图案。她对色彩组合的思考和通过编织布结构而产生隐性品质继续影响她的整个职业生涯。

　　1933年，当纳粹关闭包豪斯时，安妮和她的丈夫，艺术家约瑟夫·阿伯斯（Joseph Albers）移民到美国，在北卡罗来纳州的黑山学院艺术学校任教，在那里她树立了自己独特的个人风格，并鼓励学生们用全新的、有创意的方式探索日常材料。安妮很有兴趣去研究不同纱线的材料和触感品质及编织技术，来创造高度文本化的作品，她会用线"画"出富有叙事性的纺织品。安妮利用线作为另一种绘画媒介，她的作品将其用途扩展到充满叙事的编织绘图上。

　　她对本土纺织品和古代文化纺织品有着浓厚的兴趣，特别是在秘鲁、哥伦比亚和智利等南美洲国家发现的纺织品。

> 　　在我看来，古秘鲁的纺织品是现存的最具想象力的纺织品发明。他们的语言是纺织品，而且是一种最清晰的语言……

　　她的大部分纺织作品都是从建筑和空间设计中获得灵感的，她创作了很多功能性作品，比如用于大型公共建筑的隔音纺织板。她与建筑师、设计师合作完成了许多著名的项目，包括在1944年为纽约曼哈顿的洛克菲勒宾馆（Rockefeller Guest House）设计了一块反射光线的纺织板。

　　在职业生涯的后期，安妮通过编织将她研究的技术转移到了印花制作中，在那里她尝试了许多不同的方法，始终对纺织品的颜色、质地、图案和表面质量的语言很敏感。她留下了丰富的文化遗产，因为她坚信纺织品是一种强大的视觉语言形式。她坚决倡导手工技能，她认识到在技术使用与手工艺之间取得平衡的重要性，以免失去纺织品独特的触感和创造者的个性化表达的能力。

萨拉·罗伯森和莎拉·泰勒（Sara Robertson and Sarah Taylor）

图129　莎拉·泰勒（左）和萨拉·罗伯森（右）。

莎拉和萨拉在互相合作的过程中得到了灵感，四年来她们一直致力于以工艺为基础的艺术研究方法，通过对材料特性的深入理解，以及传统纺织工艺与新技术的结合，探索**智能纺织品**。她们最近成立了Sara+Sarah智能纺织品设计公司，提供定制服务，使纺织业能够在智能纺织品领域进行创新，并继续合作项目，探索不同环境下智能纺织品的创造性应用和艺术潜力。

你们的研究思路从何而来？

SR：我们的研究思路来自我们互相或与他人的合作。这些想法往往来自我们与材料、制造、创造性的对话，以及与来自不同学科和不同专业人士的合作。我们主要致力于智能纺织品设计领域，我们的研究通常是关于柔性界面技术集成所带来的挑战，开发允许控制和与这些材料互动的系统，并将知识转移到工业和新的市场，在这个新市场中智能纺织品具有超越可穿戴技术的相关性。

ST：材料及其在纺织品中的使用方式通常会推动我们的研究，例如，我们如何充分利用光作为面料内部和面料上的媒介，以及如何在材料表面产生微妙而剧烈的变化，以响应它的环境？

我们从很多不同的资源中获得灵感，我经常建议萨拉去看一场舞蹈表演，这将有助于我们以新的方式思考声音、动作、时间、空间和规模。我们一直在进行一项由WEAR Sustain资助的研究项目"Lit Lace for Performance"。该团队包括一家传统纺织厂、服装和布景设计师、灯光设计师和舞蹈编导，以探索剧院和表演环境中的发光蕾丝材料。以这种方式合作意味着我们必须采取集体研究方法，并从不同的角度进行研究。

SR：我们一起进行研究，但我们可能会提出稍微不同的观点。莎拉是一个富有创造性的有远见的人，她有更多的概念性想法，可以让我们的研究朝着不同的方向发展，对不同的想法和项目做出不同的反应。我们在一起似乎能够将想法变为现实，比单打独斗效率更高。

你们是如何开始研究的?

SR：好奇心、直觉和**潜移默化的知识**是我们双方的出发点。莎拉和我之间有一种难以描述的信任和理解。我想说的是，合作改变了研究方法，因为它更像是不同经验、信息和专业知识的结合。

ST：是的，这种基于信任和理解的研究方法，使我们作为一个团队更具冒险精神和自信。莎拉总是对我们能做的事情保持乐观态度，这对我们进一步提出想法很有启发性。我们倾向从制作、板型设计、测试开始，对我们来说这是一种非常实用的方法。我们有时也画画，做规划草图和图表，但更多的是传达一个快速的想法，或者向人们展示我们的想法。从某种程度上说，我们的研究是我们的实践，大部分研究都是关于测试新的想法，做出更好的东西，在精炼过程中，一次又一次地迭代。

SR：我同意莎拉的观点，我们确实从制作开始，我们的研究是由材料主导的，但是我们也阅读了资料，看到了智能纺织品领域正在发生什么，我们必须探索这项工作的背景和商业机会。我们确实花了很多时间来写资助申请，以推进我们的研究，这需要一系列的研究方法来确保我们能够传达原创性、系统性的方法，研究可能产生的影响与商业案例。

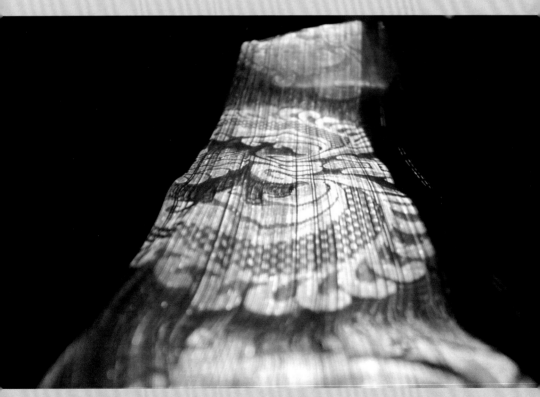

图130　工业织锦缎使用光导纤维创造出美丽大气的纺织作品。

为什么研究对你们的工作很重要？

SR：研究就是我们的工作，我们过去和现在所做的研究都体现在我们的作品中。这是多年的知识和实践通过最初形态、物理材料传达出来的。

ST：我们即将推出一项新的定制设计服务，这将使其他人能够在剧院、表演环境中创造性地使用发光蕾丝材料。如果没有长时间的研究为支撑，我们根本无法走到这一步。

SR：这绝非易事，当你参与研究时，你可能会走错方向，你会尝试一些不起作用的方法，研究出一些无法实现你想象的东西。研究过程允许你失败，它让你总是质疑你在做什么并进行反思。对我们而言，研究使我们能够与他人合作，将想法变为现实。

图131　这种纺织品是为表演而设计的，为表演者创造了一种"局部的"光，并增强了身体和布料之间互动的戏剧性。

请谈谈你们的设计过程，你们是如何产生想法的？

SR：我们的设计过程非常重视研究结果，我们经常致力于研究项目的可行性，解决某些设计问题，或者通过技术的整合或重新设计使某些事情成为可能。我们现在经常在合作中产生新的设计理念——我们与制造商和最终用户一起设计，从某种意义上说，我们促进了合作设计过程。

ST：这个过程及所涉及的对话带给我们新的想法。观察我们制作的面料并使用这些材料会给我们带来许多新灵感。我们如何推进这些改革取决于机遇本身。多年来，我们一直致力于与MYB纺织品公司合作研究发光蕾丝材料，因此我们的设计过程一直致力于研究实现这一目标的可行性——这个设计过程是我们一直在合作的，利用他们的蕾丝材料设计档案，并将其应用于涤纶**光纤**的编织，使织物结构中的光影达到最大化。

SR：我们经常遇到必须在短时间内克服的设计挑战。目前我们正在研究织物照明和控制系统。这是一个充满挑战性的过程，因为它超过了我们的专业知识范围；虽然我们知道需要什么，但目前市场上并不存在。我们合作解决这个问题，即将开始系统的再一次迭代。

请谈谈你们的工作经历

SR：我们都在学术界和作为Sara+Sarah——智能纺织品设计公司扮演着双重角色。我在英国皇家艺术学院担任智能纺织品硕士课程的高级导师，并与莎拉一起经营我们的生意。我以前在苏格兰曾在赫瑞瓦特大学的纺织与设计学院任教，之后在邓迪大学的乔丹斯通艺术学院任教；这些经验和苏格兰智能纺织品研究的传统对我们产生了深远的影响，带给我们创业的信心。我们是去年开始创业的，所以这对我们来说是一次全新的冒险，我们已经与MYB纺织品公司合作了好几年。我们刚开始为其他公司合作设计产品，现在正在与其他艺术家和灯光设计师接触，希望能和他们合作，这很振奋人心，也是我们想要的方向。

ST：过去，我曾与海伦·斯托瑞（Helen Storey）等设计师合作过概念驱动的项目，当时，这些项目能把我的作品推向不同的方向，以获得不同的结果和不同的受众。它也让我能够与其他团队合作，实现跨学科的工作。2000年我参加了"我们的感官"展览，使我与来自约克大学约克电子中心的声音技术专家和传感器专家合作。对我来说，这真的是合作之旅的开始，多年来促成了新的项目和合作，这在很大程度上是由于对技术驱动型专业知识的需求。我是爱丁堡龙比亚大学的高级研究员，以研究生的身份在赫瑞瓦特大学开始了我的研究之旅，然后作为学者参与了实践指导的研究。

图132   在这种编织件中融合了色彩和光线，创造出一种移动的悬垂感面料，营造出不同的氛围。

请谈谈对你们工作影响最大的人或事

SR：苏格兰和莎拉。我在赫瑞瓦特大学纺织与设计学院获得了智能纺织品领域的博士学位；这段经历真正塑造了我研究的方式，与莎拉合作令人耳目一新、受益匪浅。

ST：谢谢，萨拉！作为一名模范研究生，萨拉是一个鼓舞人心的人，她当时正开始通过实践来打造这个领域的博士学位。她的合作精神也是首屈一指的。在赫瑞瓦特工作期间，我跨学科工作，与色彩化学家鲍勃·克里斯蒂（Bob Christie）教授密切合作，负责指导像萨拉这样的设计导向的技术项目。我认为我在约克大学的第一次工作经历对跨学科合作产生了重大影响。

你们觉得迄今为止最大的成就是什么？

SR：这很难回答。我倾向于不去想成就。和莎拉一起创业真是太棒了。我们专注于让这项工作成功，它给了我们一种自由感，在学术界工作时不一定会得到这种自由感。

ST：我同意。与MYB纺织公司合作，使他们能够大规模地使用光纤。不过很显然一切还任重道远。

对于那些考虑从事纺织品设计职业的人，你们有什么建议吗？

SR：你们是变革的推动者，纺织品设计培训为你们提供了如此广泛的技能和知识——你们不会缺少机会，但要寻找适合自己的道路。莎拉和我都有过非传统的纺织品设计职业生涯——我们都更倾向于研究，因为这让我们能够不断地提出问题。你甚至可能无法想象你最终会从事什么样的工作或项目。作为学术工作的一部分，我目前参与的研究还包括为核退役运营商设计。最近在媒体上，我们看到了一篇有关实习医生缺乏灵活性的文章——教育中缺乏手工技能正成为各种职业的通病。这些技能提供了解决问题的另一种方法——培养、磨炼并利用它们发挥作用。

ST：纺织品设计培训对于我们的发展至关重要，这是一种思维方式、解决问题的方式，是对工作中更多技术和科学方面的思考，是对工具和流程的接受方式，也是设计实验及不断完善思想的方式。萨拉说得对，你所能得到的广泛培训将为你提供各种各样的机会。这种对制造和材料的了解对于许多未来的发展至关重要，比如智能纺织品，预计到2023年，市场将增长70亿美元。

可以分享你们合作成功的秘诀吗？

SR：信任、平衡、不言而喻地理解和尊重，在艰难的截止日期，牺牲周末一起工作到深夜的点点滴滴。

ST：完全同意！因为即使遇到困难，我们也能从中获得乐趣。

如何沟通

一旦您完成了您的研究，就需要选择最关键的部分来代表您的能力和想法。您需要准备好沟通你是如何将这些成果转化为纺织品的最终作品的。这可能是出于多种原因。例如，您需要在评估、课程、设计工作的面试，或者只是为了更新您的作品集时展示这些内容。展示和有效的视觉和语言沟通技巧是每个设计师的关键技能。准备展示您的作品往往是回顾您到目前为止所做的所有工作的第一个机会。这是一个回顾您所取得的成就的机会，也是考虑下一步该做什么的时候，以及学习视觉展示和谈论您的作品的新技能的时间。

视觉展示

视觉展示本质上是准备好您的作品让别人看。这可以是面试、课程或单元评估、与导师和同伴一起进行的审查，也可以是您对作品集或简历的更新。记录设计过程的所有方面（以注释和视觉形式）非常重要。如果您在过程的一开始就这样做，那么后续的工作就会很轻松。您可能需要在短时间内展示或准备工作，而至少部分准备工作可以节省大量时间。您将及时地为演示建立一系列视觉的和书面的信息，这使您能够有效应对任何情况。

图133　学生速写本页面展示记录的用于研究的面料、颜色和图案设想的构思。

展示板

展示板可帮助您以清晰、专业的方式直观地展示您的想法。他们应该可以在一个明确的背景下通过仔细的选择和清晰的背景定位设计从而有效地进行沟通。准备展板可以是一个反复的过程，通过尝试、错误和反馈，您可以把您的想法很好地传达给广大受众，其中有些人可能并不是纺织专家。

如何制作展示板

展示您的作品本质上就是把您的绘图、灵感、照片和其他的作品放在展示板上。展示板的大小取决于您的作品的大小，以及您是否在同一个展示板上展示了多个作品。如果可能的话，把作品放在相同重量和大小的展示板上，以保持一个统一、干净、易于"阅读"的作品。请记住，展示板需要有效沟通。保持板面简洁明了。请始终使用白板，除非确实需要其他背景颜色，例如，如果您的作品主要是白色或全白，则需要用对比色来突出作品。重要的是，展示板不会过于杂乱，而且限制你的作品表达。选择高质量的白色卡纸或薄的白色卡片。只选对的，不选贵的，展示板的质量越好，作品看起来就越高级。不要选择沉重的展示板，请记住，您只需要展示装裱好的作品集。

将浮动座安装到普通白色卡纸或薄白板上。这意味着要把您的作品内容放在展示板的最上面。不要切出框架或盒架，这看起来不怎么美观。记住，充分考虑把您的视觉研究放在展示板什么位置。一般总是从中心开始。用铅笔和尺子标出您最终将要放置的地方，确保所有的东西都是

图134　学生展示板，展示激光切割纺织品的拼贴图像和建议的背景。

直线摆放的。如果您在您的展板上使用文本，确保文字是处理过的，字体风格和大小要简单、统一，不要喧宾夺主。

您可以使用安装喷雾或胶带（双面胶或隐形胶）将作品固定在展示板上。使用安装喷雾的好处是，您可以轻松地重新固定或拆除作品。不过喷涂的时候要注意通风。学校通常会有一个专门的区域来做这件事，不允许在其他地方这样做。使用双面胶可以让您轻松地把作品移动到其他地方展示。确保展板正面是没有胶带的。

任何使用碳素笔、粉笔或软铅笔的作品都需要固定以防止弄脏。可以用固定喷雾或气雾剂，但也必须保证通风。如有必要，可以始终在顶部放置一张白色薄纸，以防止其他纸板被标记。

如何制作作品集

作品集是一种视觉展示，代表您迄今为止所取得的成就。您的作品集将包含最成功的作品实例，包括精心完成和展现的纺织品样品。它还将代表您解决设计问题的方法，展示您的绘画和视觉技能以及横向思考的能力。作品集还包括速写本和笔记本作品，使潜在的客户或课程导师能够了解您是如何解决问题和思考设计的。不是每件作品都需要完美地解决。作品集代表了您——确保它从内到外都能很好地反映这一点。如果您把漂亮的创意作品放在一个破旧的箱子里，那看起来就太不专业了。当作品集的内容开始出现哪怕是轻微的破损时，请确保您重新装裱好您的作品。

您可以把作品集放在一个大号平整的文件袋中，这种文件袋适合携带大量散纸。文件袋可以在大多数艺术品商店购买，大小从A1（D）到A4［A（letter）］不等。您可能会想从A1（D）或A2（C）大小的作品集开始。

图135　展示您的作品非常重要。保持简单的装裱，背景板最好采用中性颜色，白色最佳。

作者提示

　　将您的作品贴在标准的白纸或轻巧的卡片上。

　　如果需要裁切纸张，请确保纸张均匀、方正且边缘整洁。

　　如果用纺织品视觉研究资料，请不要用胶水粘它们——这样拆卸或重新粘贴就很麻烦。

　　请勿在照片上喷涂喷雾剂——这会使照片在阳光下看起来很糟糕并且会积聚灰尘。

CAD展示

　　计算机辅助设计（CAD）是重要的演示工具。它对许多不同类型的演示文稿很有用，如果使用得当，可以创造出非常专业的演示文稿。作品可以直接拍照或扫描，这样就可以对其各个方面进行调整。您可能想展示不同的颜色变化或大小变化，或者您想展示视觉研究领域是如何创造或者重复一个模式的。您可能还希望将文本直接添加到图像或绘画上。

　　然后，为了装裱，通常会将成果用彩色打印机打印在高质量的相纸或打印纸上。但是，有时候，您可能会被要求为申请工作或大学发送您的作品集。在这种情况下，请确保图像质量高清。保存您的作品并以您的名字为其命名，对作品进行排

序是很重要的，以确保观看者以正确的顺序审视每件作品。

口头展示

　　PowerPoint演示和其他数字演示平台现在经常用来同时展示和讨论您的作品。直观地展示您的作品需要一套技巧，而谈论和表达您的作品则需要另一套技巧。许多人不喜欢和听众交流。毫无疑问，每个人在这方面都会有一定程度的焦虑，记住您并不是个例。能够谈论您的工作，表达自己和想法，是一项重要的技能，您会发现这项技能可以转移到其他生活场景中。练习、计划和充分的准备将有助于建立您的信心。

图136　准备并进行口头展示可以帮助您阐明想法并与他人交流未来的构想。仔细想想您要说的话，用您的视觉材料来交流。

检查一切是否都能正常进行，并事先进行排练。确保您准确地知道对每张幻灯片要说些什么，并注意控制时间。使用您实际的作品集或展示板进行交流也是完全可以接受的。记住要把每件事都安排得井井有条，这样您的演讲就能够顺利完成。

创建PowerPoint（PPT）演示文稿本身就是设计难题。PowerPoint演示文稿的整体外观需要反映您自己的个人风格，并尽可能地展示您的作品。注意避免在PowerPoint应用程序中使用大量特殊效果和预先设计的模板。保持简约。记住，同样的规则也适用于您的展示板。

计划每张幻灯片要说的内容。用简单的笔记作为题词器，尽量不要照着PPT读。请记住，您需要与听众交流，与他们进行互动并观察他们。通过观察听众，您可以了解哪种类型的演示有效。最后，请记住确保已事先计时练习几次，不要超出指定的时间范围。

作者提示

举止动作看起来像个专业人士。

每个人都会对您说的话充满信心。

确保每个人都能听到您的声音。

保持眼神交流，并确保您与所有人互动。

您需要自我介绍吗？每个人都认识您吗？

始终积极地开始。

确认您可以展示的时长。

丢掉所有笔记，只需依靠小卡片上的提示词。

请记住，没有任何人比您更了解自己的作品。

最后，询问听众是否有任何问题。

在线展示

大多数纺织品设计师都会通过自己的个人或集体网站或专业社交媒体页面在线展示。许多学生将从设计课程开始就创建自己的在线网页。尽早开始准备是很有帮助的，因为它会给您时间去完善和探索什么是最适合您的方法。博客和在线专业设计网站也为您提供了对外展示作品、发表评论和获得反馈的机会。

唐娜·威尔逊（Donna Wilson）

自2003年以来，唐娜·威尔逊一直在设计、制造和销售她的奇特物品、豪华羊羔毛软垫、针织品和不断扩大的家居配饰系列。她的作品已在许多出版物上刊登，并在世界各地展出。2010年，她在"家居廊"（Elle Decoration）的英国设计大奖上获得了角逐激烈的年度设计师奖，自此之后，她开始与许多知名品牌合作，包括乐播诗（LeSportsac）、约翰·路易斯（John Lewis）和妈妈&爸爸（Mamas & Papas）。作为当代工艺运动的先驱，唐娜始终坚持她的原则，使用传统技术和天然纤维。只要有可能，每件产品都是在英国由一群熟练的工匠用心制作的。唐娜的工作室位于东伦敦，她和她才华横溢的团队在这里针织、缝制产品并将其提供给全球的零售商和粉丝。

图137　唐娜·威尔逊。

图138　针织气球
这些用强烈的原色编织的气球捕捉到了唐娜作品的俏皮和她天马行空的天性。

图139 与乐播诗（LeSportsac）合作

与大型国际品牌合作，如美国箱包公司乐播诗（LeSportsac），为唐娜带来了新的合作机会，可以合作开展商业项目，也让她的设计作品接触到了更多的受众。

图140 唐娜·威尔逊家居用品

唐娜独特而幽默的家纺灵感来源于她对自然和动物的热爱。

诺亚·拉维夫（Noa Raviv）

诺亚·拉维夫是居住在纽约的以色列艺术家，她利用各种媒介来审视和反思后数字时代背景下对人体的感知。

诺亚在时尚、艺术和技术的交叉领域工作，她的作品经常将传统手工艺与3D打印和激光切割等创新技术相结合。她的作品获得了国际媒体的认可（《时尚》《纽约杂志》、BBC、《连线》等），并在全球范围内展出，包括波士顿美术博物馆、耶路撒冷以色列博物馆和纽约大都会艺术博物馆。诺亚被邀请到世界各地的大学和艺术机构演讲，2016年，她入选"福布斯30位30岁以下名人排行榜"，还被《时尚》杂志选为年度最佳年轻的设计师之一。

图141~图143　诺亚的"硬拷贝系列"，灵感来自数字图纸的扭曲。图143中所示的设计包括采用斯特塔西公司（Stratasys）的3D打印技术。

结语

在本书中，我们旨在为您提供进行纺织品设计所需的信息和技能。这些都来自我们自己的设计和教学实践。我们已经讨论了基本过程，您现在可以将其应用于自己的项目。我们鼓励您尽可能发挥创新性和实验性，以便可以开发自己的视觉语言进行设计。不断利用新媒体不同的绘画和视觉化技术来挑战自己是很重要的。随着时间的流逝，您会逐渐增强自己对这些领域的信心，并且您将开始发现更多关于自己作为设计师的信息。作为一门动态设计学科，纺织品一直在不断发展。优秀的设计师会不断受到周围世界的刺激和启发，寻找新的领域来挑战现有的纺织品设计观念。不要害怕犯错误。错误是创意设计实践的核心，许多设计师发现错误是新作品的灵感和动力。这本书的目的是使您开始探索之旅，在这里您将学习新的见识、技能和知识，这将有希望激励您开启纺织设计的职业生涯。我们祝愿您在您所选择的职业中一切顺利，并鼓励您享受到达成功彼岸的乐趣！

图144 诺亚·拉维夫采用斯特塔西公司的3D打印技术。

术语表

抽象（Abstract）：不以现实为基础的想法或概念。

美学（Aesthetics）：物体或设计的质量和视觉外观。

包豪斯（Bauhaus）：包豪斯运动起源于20世纪20年代和30年代的德国艺术学院，在那里发展了一种独特的工艺美术方法。

迷彩（Camouflage）：融入环境的图案或设计。

循环经济（Circular Economy）：一个闭环的经济设计，所有使用的材料都可以重复使用。

商业设计（Commercial）：专门针对大众市场的设计作品。

委托设计（Commissioned）：为特定客户或地方设计的作品。

构图（Composition）：特定区域内视觉元素的组织。

计算机辅助设计［Computer-Aided Design（CAD）］：利用计算机技术进行设计的过程。

概念性（Conceptual）：一种以意义为主要驱动力的想法。

当代风格（Contemporary）：当今的设计风格。

背景（Contextual）：指设计或产品的用户信息。

工艺（Craft）：根据其与功能性或实用性产品的关系，或根据其对传统和新媒体的知识和使用来定义的创造性实践。

可拆卸设计（Design For Disassembly）：在设计产品的过程中，每个部件都可以很容易地被重复使用。

电子商务（E-Commerce）：通过互联网在线购买或销售。

道德（Ethical）：个人或公司的道德准则。

预测（Forecasting）：猜想未来是什么样子的过程。

混合媒介（Forecasting）：使用多种媒介。

情绪板（Mood Board）：由图像、文本和样本组成的视觉展示，用于开发设计概念和向他人传达想法。

花样（Motif）：重复的图形或图案。

叙事（Narrative）：一个故事或一系列事件。

光纤（Optical Fibre）：一种非常薄的柔性纤维，光线可通过它进行传播。

调色板（Palette）：一组被选来创作的颜色。

图案（Pattern）：在自然、科学和艺术中发现的装饰形式。

后数字（Post-Digital）：探索人类与数字技术关系的概念。

主要来源（Primary Source）：由信息来源人创建的原始材料或证据。

原型（Prototype）：设计理念的初始样本，在最终产品生产之前用于反思。

快速原型（Rapid Prototyping）：一种3D CAD打印技术，为产品创意创建样本。

重复（Repeat）：重现的图像或图案。

二手资料（Secondary Source）：其他地方提供的源信息。

感官（Sensory）：与触觉、嗅觉、味觉、听觉和视觉有关。

智能纺织品（Smart Textiles）：含有电子或传感器等数字元件的纺织品。

可持续性（Sustainability）：指环境、社会和经济的长期维持。

样本（Swatches）：用作设计示例的小块织物。

隐性知识（Tacit Knowledge）：难以用书面形式记录，难以用语言方式进行交流的知识，如通过制作分享经验。

视觉语言（Visual Language）：传达视觉元素的方法。

参考文献

Black，S.（ed.）2006.时尚面料：时装设计中的当代纺织品。伦敦：Black Dog Publishing。

Bowles，M.和Isaac，C.2009.数字纺织设计（产品组合技能）。伦敦：劳伦斯·金出版社。

Braddock，S.E.和O'Mahony，M.2005.科技纺织品2：用于时尚和设计的革命性面料。第2版。伦敦：泰晤士和哈德逊出版社。

Brereton，R.2009.速写本：设计师、插画家和创作者的隐藏艺术。伦敦：劳伦斯·金出版社。

Colchester，C.2009.当代纺织品：对趋势和传统的全球调查。伦敦：泰晤士和哈德逊出版社。

Fletcher，K.2014.可持续时尚和纺织品：设计之旅。阿宾顿：Earthscan出版社。

Genders，C.2009.图案、颜色和形式：艺术家的创意方法。伦敦：A&C出版社。

Hedley，G.2010.拉线方式：纺织艺术中的线条、绘画和标记制作。拉夫兰，科罗拉多州：交织出版社。

Hornung，D.2012.颜色：设计工作的方法。伦敦：麦格劳-希尔出版社。

Jones，O.2015.装饰品的语法。重印版。伦敦：吉拉德和斯图尔特出版社。

Lewis，G.2009.2000年的颜色组合：为图案、纺织和工艺设计师。伦敦：巴茨福德出版社。

McFadden，D.R，Scanlan，J.和Edwards，J.S.2007.激进的花边和颠覆性的编织。纽约：艺术与设计博物馆。

Murray，A.和Winteringham，G.2015.模式化。一种新的观察方式：图案的激励力量。伦敦：康伦出版社。

Noel，M.-C.和Cailloux，M.2015.印花纺织设计：职业、发展趋势和项目开发。西班牙巴塞罗那：Promopress。

Pailes-Friedman，R.2016.面向设计师的智能纺织品：发明织物的未来。第2版。伦敦：劳伦斯·金出版社。

Parrott，H.2013.纺织艺术中的标记制作。伦敦：Batsford。

Porter，J.2019.维生素T：当代艺术中的线和纺织品。伦敦：费顿出版社。

Tellier-Loumagne，F.2005.针织的艺术：鼓舞人心的针法、纹理和表面。伦敦：泰晤士和哈德逊出版社。

Wager，L.2018.完美的调色板：从时尚、艺术和风格中获得灵感的色彩组合。西班牙巴塞罗那：Promopress。

Quinn，B.2013.纺织业的远见：纺织设计中的创新和可持续性。伦敦：劳伦斯·金出版社。

博物馆

维多利亚与艾尔伯特博物馆（V&A），伦敦南肯辛顿克伦威尔路，邮编SW7 2RL，网站www.vam.ac.uk

时尚和纺织博物馆，伦敦伯蒙德西街83号，邮编SE1 3XF，网站www.ftmlondon

伦敦设计博物馆，伦敦Shad Thames，邮编SE1 2YD，网站www.designmuseum.org

荷兰纺织品博物馆，荷兰蒂尔堡谷克斯特拉特街96号，邮编 5046 GN，网站www.textielmuseum.nl

装饰艺术博物馆，巴黎里沃利街107号，邮编75001，网站www.ucad.fr

库珀·休伊特国立设计博物馆，纽约第二东街91号，邮编10128，网站www.cooperhewitt.org

纽约时装技术学院，纽约第七大道W27号，邮编10001，网站fitnyc.eduVitra

维特拉设计博物馆，莱茵河畔威尔城查尔斯埃姆斯街2号，邮编D-79576，网站www.design-museum.de

丹麦艺术与设计博物馆，丹麦，哥本哈根布雷加德街68号，邮编1260，网站www.designmuseum.dk

以色列霍隆设计馆，以色列霍伦平克哈斯艾伦街8号，邮编5845400，网站www.dmh.org.il

网站

www.trendtablet.com

www.wgsn.com

www.sofaexpo.com

www.madelondon.org

www.helsinkidesignweek.com

www.nycxdesign.com

www.newdesigners.com

www.purelondon.com

www.maison-objet.com/en/paris

www.londondesignfair.co.uk

www.premierevision.fr

www.pittimmagine.com

www.texi.org

www.craftscouncil.org.uk

www.designcouncil.org.uk

www.embroiderersguild.com

www.etn-net.org

www.ddw.nl

索引

图片版权声明

图0　由卡伦·尼科尔（Karen Nicol）提供。

图1　2018年1月18日巴黎时装周，德赖斯·范·诺顿（Dries Van Noten）设计的2018–2019年秋冬男装。摄影：埃斯托普（Estrop）/图片来源：盖蒂图片社。

图2　马尼什·阿罗拉（Manish Arora）：作品走秀–2018/2019年秋冬巴黎时装周女装展。摄影：克里斯蒂·斯帕罗（Kristy Sparow）/图片来源：盖蒂图片社。

图3a　由梅根·布朗（Megan Brown）提供的针织样品。

图3b　由华莱士·休厄尔（Wallace Sewell）提供的围巾图片。

图3c　混合媒体作品由劳拉·乌斯蒂纳（Laura Ukstina）提供。

图3d　印花样品由凯蒂·兰顿（Kitty Lambton）提供。

图4a　一个年轻的男性印花工人在印花工作室使用橡皮刮水刷。摄影：莱昂·哈里斯（Leon Harris）/图片来源：盖蒂图片社。

图4b　Bodius公司的羊绒畜牧业和服装生产。摄影师：泰勒·魏德曼（Taylor Weidman）/图片来源：彭博社、盖蒂图片社。

图4c　由乔西·斯蒂德（Josie Steed）提供。

图4d　由弗朗西斯·史蒂文森（Frances Stevenson）提供。

图5　2018年哥本哈根时尚峰会。摄影：奥莱·詹森（Ole Jensen）/图片来源：科尔比斯（Corbis）、盖蒂图片社。

图6　由弗朗西斯·史蒂文森（Frances Stevenson）提供。

图7　手工印花面料图像由简·基思（Jane Keith）提供。

图8　巴黎国际面料展。摄影：雅克·德马洪（Jacques Demarthon）/图片来源：法新社、盖蒂图片社。

图9　纱线图片由麦瑞·阿巴斯（Mhairi Abbas）提供。

图10　由乔西·斯蒂德（Josie Steed）提供。

图11　研究图片由贾斯敏·拉米雷斯（Jasmin Ramirez）提供。

图12　由乔西·斯蒂德（Josie Steed）提供。

图13　约翰·阿克赫斯特（John Akehurst）的照片，由艺术家们提供。

图14　法伊格·艾哈迈德（Faig Ahmed）设计的地毯。摄影：雷泽（Reza）/图片来源：盖蒂图片社。

图15　由艺术家提供。摄影：道格拉斯·阿特菲尔德（Douglas Atfield）。

图16　《花蕊—自恋蝴蝶》2005©迈克尔·布伦南德–伍德（Michael Brennand–Wood）。

图18　由乔西·斯蒂德（Josie Steed）提供。

图19　针织品/男装，由泰里·希尔（Tyree Hill）提供。

图20　由菲奥恩·范·巴尔古伊（Fioen van Balgooi）提供的肖像画。图片来源：www.jkimages.nl.

图21　由菲奥恩·范·巴尔古伊（Fioen van Balgooi）提供的片段。图片来源：http://www.savale.nl.

图22　测试可消除印花墨水，由菲奥恩·范·巴尔古伊（Fioen van Balgooi）提供。图片来源：www.janneketol.com。

图23　没有水，由菲奥恩·范·巴尔古伊（Fioen van Balgooi）提供。

图24　树皮外套由菲奥恩·范·巴尔古伊（Fioen van Balgooi）提供。图片来源：www.janneketol.com。

图25　Amorfa. Savale由菲奥恩·范·巴尔古伊（Fioen van Balgooi）提供。图片来源：www.savale.nl。

图26　可消除印花产品，由菲奥恩·范·巴尔古伊（Fioen van Balgooi）。图片

来源：www.janneketol.com拍摄。

图27～图30　由艺术家们提供。所有照片均由道格拉斯·阿特菲尔德（Douglas Atfield）拍摄。

图31　尹卡·肖尼巴雷（Yinka Shonibare）作品《争夺非洲》。摄影师约翰内斯·艾塞勒（Johannes Eisele）图片来源：法新社、盖蒂图片社。

图32～图33，图38，图44　学生速写本，由莫莉·马查尔西（Molly Marchalsey）提供。

图34　学生速写本，由迈克·赫尔曼（Maike Herrmann）提供。

图35a　危地马拉市场上的纺织品。摄影：保罗·W. 利布哈德（Paul W.Liebhard）/图片来源：科尔比斯（Corbis）、盖蒂图片社。

图35b　日本纺织品。摄影：莱亚·古德曼（Lea Goodman）/图片来源：盖蒂图片社。

图36　艺术家的调色板。来源：环球教育/图片来源：环球图像、盖蒂图片社。

图37　12个雪晶体。摄影：赫伯特（Herbert）/图片来源：存档照片、盖蒂图片社。

图39　位于苏格兰邓迪的新维多利亚与艾尔伯特博物馆。摄影：萨姆·梅利什（Sam Mellish）/图片来源：盖蒂图片社。

图40　绘画与摄影，由克莱尔·弗里克尔顿（Claire Frickleton）提供。

图41　艺术家桑福德·比格斯（Sanford Biggers）的作品"Lloottuuss"细节。该作品是在丹佛大卫·B. 史密斯（David B. Smith）美术馆举办的"建构的历史"展览上用古董被子碎片、喷漆和焦油制作的。摄影：赛勒斯·麦克里蒙（Cyrus McCrimmon）/图片来源：丹佛邮报、盖蒂图片社。

图42　学生画作，由罗西娜·加文（Rosina Gavin）提供。

图43　学生画作，由艾梅·库尔什（Aimee Coulshed）提供。

图46　由弗朗西斯·史蒂文森（Frances Stevenson）提供。

图47　《人行道表面探索》由安德烈·埃文斯（Andrea Evans）提供。

图48a　《回收利用，重新看待设计1》©阿利克斯·克拉克（Alyx Clark）。

图48b　针线画，由卡勒姆·唐南（Callum Donnan）提供。

图49　混合媒介实例，由露西·麦克米伦（Lucy MacMillan）提供。

图50　学生速写本拼贴画，由艾米·卡特（Amy Carter）提供。

图51　浮雕画，由艾丽德·哈珀（Eilidh Harper）提供。

图52　观察线，由贾斯敏·拉米雷斯（Jasmin Ramirez）提供。

图53　3D绘画作品，由丽贝卡·罗格–里德（Rebecca Logue–Reid）提供。

图54　日本艺术家照屋勇贤（Yuken Teruya）与他的一件作品，该作品由纸质购物袋组成，用剪掉的购物袋制成了树木，2006年9月4日在Object 美术馆举办的展会上展出。SMH图片由史蒂文·西沃特（Steven Siewert）拍摄（摄影：澳洲媒体集团/图片来源：盖蒂图片社）。

图55　简约思维导图，由朱迪·斯科特（Judy Scott）提供。

图56　主题板，由乔伊·甘什（Joy Gansh）提供。

图57　卡伦·尼科尔（Karen Nicol）在她的工作室里，由卡伦·尼科尔本人提供。

图58　自由的被子，由卡伦·尼科尔（Karen Nicol）提供。

图59　为斯奇·培尔莉（Schiaparelli）做的设计，由卡伦·尼科尔（Karen Nicol）提供。

图60　《冰熊》，由卡伦·尼科尔（Karen Nicol）提供。

图61　《书旗》，由卡伦·尼科尔（Karen Nicol）提供。

图62　由中国香港黑岩投资银行委托设计的大型作品世界地图，由卡伦·尼科尔（Karen

Nicol）提供。

图63　2018/2019年巴黎时装周秋冬女装展上，范·诺顿（Dries Van Noten）的设计细节。摄影：埃斯托普（Estrop）/图片来源：盖蒂图片社。

图64　2019—2020年巴黎时装周男装展，德赖斯·范·诺顿（Dries Van Noten）作品秀场。摄影：理查德·博德（Richard Bord）/图片来源：盖蒂图片社。

图65　学生混合媒介纺织作品，由斯蒂芬妮·戴维森（Stephanie Davidson）提供。

图66a　表面效果研究，由肯德尔·布莱尔（Kendall Blair）提供。

图66b　抽象纺织版画，由贝妮·卡斯特罗（Beanie Cathro）提供。

图67　混合媒介作品，由金伯利·史密斯（Kimberley Smith）提供。

图68　速写本页面，由露西·卡斯特（Lucy Caster）提供。

图69　面料上的数字印花，由劳伦·麦克道尔（Lauren McDowall）提供。

图70　针线画，由克斯蒂·芬顿（Kirsty Fenton）提供。

图71　学生作品中的图案，由迈克·赫尔曼（Maike Herrmann）提供。

图72　《草莓盗贼》，1883年由艺术家威廉·莫里斯（William Morris）设计的纺织品。图片来源：历史图片库、遗产图库、盖蒂图片社。

图73　摄于2019年1月11日，德国莱辛巴赫，冬天的小河鸟瞰图。摄影：弗洛里安·盖尔特纳（Florian Gaertner）/图片来源：盖蒂图片社。

图74　抽象的彩色气泡、油和水。拍摄：教育图片/图片来源：环球图像、盖蒂图片社。

图75　普通蒲公英（欧普蒲公英）种子的宏观图，摄于2014年5月13日。摄影：克莱尔·吉洛（Claire Gillo）/图片来源：数码相机杂志、盖蒂图片社。

图76a　珍珠螺旋贝壳的内部。图片来源：自然地平线、环球图像、盖蒂图片社。

图76b　2010年5月21日拍摄的野生大蒜幼苗的卷曲尖端的特写镜头。摄影：本·布莱恩（Ben Brain）/图片来源：数码相机杂志、盖蒂图片社。

图77　丝巾图片，由艾琳·米勒（Errin Miller）提供。

图78a　羽毛构图作品，由乔伊·甘什（Joy Gansh）提供。

图78b　砖块构图作品，由乔治娜·希克（Georgina Hickey）提供。

图78c　抽象构图作品，由凯蒂·兰顿（Kitty Lambton）提供。

图80　学生画的建筑结构，由罗西娜·加文（Rosina Gavin）提供。

图81　由弗朗西斯·史蒂文森（Frances Stevenson）提供。

图83，图84　露西恩·戴（Lucienne Day）的作品《蒲公英时钟》和《花萼蓝》（由Classic Textiles公司在亚麻联盟上的印花）。《花萼黄》（由Classic Textiles公司在亚麻联盟上的印花）。图片来源：www.classictextiles.com。

图85　须藤玲子（Reiko Sudo）在她的工作室里。摄影：田村康介（Tamura Kosuke）。

图86a，b，c　你知道吗？我们热爱纺织品30年！须藤玲子（Reiko Sudo）的作品《羽毛飞扬》和《树枝聚集》。

图87a　绣有凤凰和树枝的金银织锦袍。图片来源：阿什莫尔博物馆、遗产图库、盖蒂图片社。

图87b　一位资深的传统工匠检查他的靛蓝染色作品的质量。摄影：特雷弗·威廉姆斯（Trevor Williams）/图片来源：盖蒂图片社。

图87c　"Boro—Stoffe des Lebens"/图片来源：Ullstein Bild、盖蒂图片社。

图87d　2019年春夏巴黎时装周女装展上的Stella McCartney秀场。摄影：埃斯托普

（Estrop）/图片来源：盖蒂图片社。

图88～图94　华莱士和休厄尔图片由华莱士和休厄尔（Wallace Sewell）提供。

图95　印度色彩节的彩色粉末堆。摄影：佐海卜·侯赛因（Zohaib Hussain）/图片来源：印度影业、环球图像、盖蒂图片社。

图96　由乔西·斯蒂德（Josie Steed）提供。

图100a　学生素描本上的背景研究，由苏菲·麦克卡弗里（Sophie MacCaffrey）提供。

图100b　素描本研究，由克莱尔·弗里克尔顿（Claire Frickleton）提供。

图107　大红灯笼。摄影：张伟/图片来源：中国新闻服务/视觉中国、盖蒂图片社。

图108　牛仔裤。摄影：玛卡（Marka）/图片来源：环球图像、盖蒂图片社。

图109　警告标志。摄影：罗伯托·马查多·诺亚（Roberto Machado Noa）/图片来源：盖蒂图片社。

图110　摄于2019年1月13日意大利米兰，约翰·里奇蒙德（John Richmond）在2019/20秋冬男装时装周秀场上的鞋子细节。摄影：埃斯托普（Estrop）/图片来源：盖蒂图片社。

图111　在泰国曼谷金佛寺打坐的和尚。图片来源：戈冬（Godong）/图片来源：环球图像、盖蒂图片社。

图112　圣帕特里克节庆典。摄影：PYMCA/图片来源：环球图像、盖蒂图片社。

图113　卡兰达鼓。摄影：米格尔·索托马约尔（Miguel Sotomayor）/图片来源：盖蒂图片社。

图114　艾莉·萨博（Elie Saab）秀场，2013年巴黎时装周将夏高级时装。摄影：克里斯蒂·斯帕罗（Kristy Sparow）/图片来源：盖蒂图片社。

图115a　摄于2017年3月10日，印度拉贾斯坦邦巴利的纱丽制造商。摄影：弗雷德里克·索尔坦（Frédéric Soltan）/图片来源：Corbis、盖蒂图片社。

图115b　摄于2007年3月5日，克什米尔工匠沙比尔·艾哈迈德（Shabir Ahmed）（左）在他位于斯利那加的工厂里，同伴沙尔观看他用太极图织出一条卡尼贾梅瓦披肩。摄影：鲁夫·哈特（ROUF BHAT）/图片来源：法新社、盖蒂图片社。

图115c　在印度查谟和克什米尔斯利尼格尔的一家商店里展示的帕什米纳披肩。摄影：普拉桑特·维什瓦纳坦（Prashanth Vishwanathan）/图片来源：彭博社、盖蒂图片社。

图116～图120　由简·基思（Jane Keith）提供。

图121　1984年，奥塔维奥·米索尼在他的书房里。摄影：安吉洛·德利吉奥（Angelo Deligio）/图片来源：蒙达多利、盖蒂图片社。

图122　2018/19秋冬米兰时装周米索尼秀场。摄影：维克多·维吉利（Victor VIRGILE），伽玛·拉波（Gamma-Rapho）/图片来源：盖蒂图片社。

图123　颜色系列，由卡桑德拉·汉弗莱（Cassandra Humphrey）提供。

图124　设计作品，由伊莱恩·高文斯（Elaine Gowans）提供。

图125　《生物》，由唐娜·威尔逊（Donna Wilson）提供。

图126　染色、印刷和刺绣的羊毛样品，由罗宾·尼斯特（Robyn Nisbet）提供。

图127　由乔西·斯蒂德（Josie Steed）提供。

图128　柏林"包豪斯想象"展览。摄影：肖恩·盖洛普（Sean Gallup）/图片来源：盖蒂图片社。

图129～图130　由萨拉·罗伯逊（Sara Robertson）和萨拉·泰勒（Sarah Taylor）提供。

图131～图132　由萨拉·罗伯逊（Sara Robertson）和萨拉·泰勒（Sarah Taylor），摄影：玛格·沃森（Margot Watson）。

图133　学生速写本，展示织物、颜色和图案的构思，由摩根·坎贝尔（Morgan Campbell）提供。

图134　拼贴画时尚插图，由劳拉·莫里森（Laura Morrison）提供。

图135、图136　由乔西·斯蒂德（Josie Steed）提供。

图137~图140　由唐娜·威尔逊（Donna Wilson）提供。

图141~图144　由诺阿·拉维夫（Noa Raviv）提供。摄影：罗恩·凯德米（Ron Kedmi）。

我们已经尽一切努力追寻、厘清和认证版权所有者并获得他们对使用版权材料的许可。

然而，如果有任何无意中被忽略的情况，出版商非常乐意在第一时间做出必要的安排。

致谢

我们感谢在本书编写过程中慷慨帮助、不吝赐教的每个人，特别要感谢：弗雷迪·罗宾斯（Freddie Robins）、艾伦·肖（Alan Shaw）、唐娜·威尔逊（Donna Wilson）、诺阿·拉维夫（Noa Raviv）、凯伦·尼科尔（Karen Nicol）、菲奥安·范·巴尔古尼（Fioen Van Balgooi）、萨拉·罗伯逊（Sara Robertson）、莎拉·泰勒（Sarah Taylor）、简·基思（Jane Keith）、哈丽特·华莱士琼斯（Harriet Wallace-Jones）、艾玛·休厄尔（Emma Sewell，）、露西·奥塔（Lucy Orta）、法伊格·艾哈迈德（Faig Ahmed）、须藤铃子（Reiko Sudo）、迈克尔·布伦南·伍德（Michael Brennan Wood）、伊莱恩·高恩斯（Elaine Gowans）、菲奥娜·斯蒂芬（Fiona Stephen）、费格斯·康纳（Fergus Connor）、罗宾·威尔逊（Robin Wilson）、杰斯·福塞特（Jess Fawcett）、尹卡·肖尼巴雷（Yinka Shonibare）、劳拉·麦克弗森（Laura McPherson）、马尔科姆·芬尼（Malcolm Finnie）和乔·哈特（Joe Hart）。

我们也要感谢我们曾经和现在的学生，他们提供了灵感，欣然允许我们用他们的作品作为本书的插图。特别要感谢：卡桑德拉·汉弗莱（Cassandra Humphrey）、弗雷娅·艾特肯-斯科特（Freya Aitken-Scott）、西班奥·汤姆森（Siobhan Thomson）、柯斯·蒂芬顿（Kirsty Fenton）、卡勒姆·唐南（Callum Donnan）、劳拉·乌斯蒂纳（Laura Ukstina）、贾思敏·拉米雷斯（Jasmin Ramirez）、艾米·福布斯（Amy Forbes）、凯蒂·兰顿（Kitty Lambton）、艾米·莫瓦特（Amy Mowatt）、劳拉·莫里森（Laura Morrison）、艾丽克斯·克拉克（Alyx Clark）、劳伦·麦道夫（Lauren McDowall）、斯蒂芬妮·戴维森（Stephanie Davidson）、贝基·罗格-里德（Bekki Logue-Reid）、金伯利·史密斯（Kimberley Smith）、安德烈·埃文斯（Andrea Evans）、泰瑞·希尔（Tyree Hill）、摩根·坎贝尔（Morgan Campbell）、克拉丽·海曼（Clari Hayman）、朱迪·斯科斯（Judy Scott）、梅根·布朗（Megan Brown）、麦瑞·阿巴斯（Mhairi Abbas）、迈克·赫尔曼（Maike Herrmann）、肯德尔·布莱尔（Kendall Blair）、克莱尔·弗里克尔顿（Claire Frickleton）、苏菲·麦卡弗里（Sophie McCaffrey）、艾米·卡特（Amy Carter）、比妮·卡斯罗（Beanie Cathro）、乔治娜·希克（Georgina Hickey）、莫莉·马西尔西（Molly Marshalsey）、艾米·库尔谢（Aimee Coulshed）、罗西娜·加文（Rosina Gavin）、艾莉·多南汤普森（Ellie DonnanThompson）、维多利亚·波茨（Victoria Potts）、埃林·米勒（Errin Miller）、埃丽德·哈珀（Eilidh Harper）、乔治·亚巴尔（Georgia Barr）、乔伊·甘什（Joy Gansh）、露西·麦克米兰（Lucy McMillan）、露西·卡斯特（Lucy Caster）和罗宾·尼斯贝特（Robyn Nisbet）。